博碩文化 博誌文化

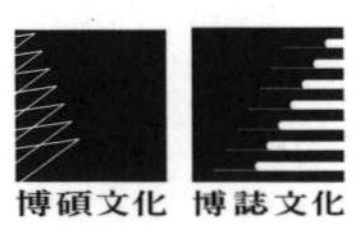

博碩文化 博誌文化

23種振奮人心的奇蹟簡報術

孫正義の簡報術

三木雄信 著
程壹德 譯

博碩文化

孫正義の簡報術

23種振奮人心的奇蹟簡報術

作者／三木雄信
發行人／葉佳瑛
顧問／鐘英明
總編輯／古成泉
主編／陳吉清
執行編輯／高珮珊、陳吉清
行銷企劃／黃譯儀
出版／博碩文化股份有限公司
網址／http://www.drmaster.com.tw/
地址／新北市汐止區新台五路一段112號10樓A棟
電話／（02）2696-2869
傳真／（02）2696-2867
郵撥帳號／17484299
律師顧問／劉陽明
出版日期／西元2013年4月初版
建議零售價／280元
ISBN／978-986-201-726-5
博碩書號／IN21209

國家圖書館出版品預行編目資料

孫正義の簡報術－23種振奮人心的奇蹟簡報術 / 三木雄信 著. -- 初版. -- 新北市：博碩文化,2013.4
面； 公分
ISBN 978-986-201-726-5（平裝）

1. 簡報

494.6　　102005458

Printed in Taiwan

序章　用簡報改變世界！

二〇一一年四月二十日，孫正義在東京宣布成立「自然能源財團」。日本社會在經過東日本大地震後隨著此項宣布，引起了一陣關於「日本將來究竟要採用自然能源，還是核能發電」的爭議。

軟體銀行像這樣引起社會上的討論並不是第一次。軟體銀行的創辦人，同時也是執行董事的孫正義，自從軟體銀行創業以來就經常像「維新志士」般，在世界與日本的巨大變化裡，參與、創造了許多歷史。

孫正義被稱為簡報達人。當今為了聽孫正義簡報的人不僅常將會場擠得水洩不通，網路的影片轉播更是有數萬人收看。不只是在觀眾人數眾多的場合，就算是一對一交涉的場面，孫正義也常以簡報方式進行。不可思議的是，聽取了這些簡報的對象往往都會被說服。

因為這簡報的力量，軟體銀行不但將業務一口氣拓展到 iPhone 和 iPad 等新產品，並且成功與以美國蘋果、美國 Yahoo! 為首，和全世界多數的 IT 企業進行合作。**軟體銀行創業經過三十多年快速成長，如今營業額已達到三兆日圓，說是因為孫正義的簡報力量實在一點也不為過。**

那麼，為什麼孫正義的簡報會在軟體銀行的經營中扮演如此重要的角色？那是**因為孫正義都將簡報的力量用來超越軟體銀行的「極限」**。孫正義富有冒險精神，不斷進行挑戰，自創業以來，他持續擴大了電腦軟體流通、日本 Yahoo! 等入口網站、電子交易業務、寬頻業務、家用電話業務、行動電話業務等相關事業領域。

為了擴張事業領域，在每個領域都需要有「人、物、金錢、資訊」這些經營資源。可是當初還是走創新中小企業的軟體銀行，在公司內幾乎都沒有擴張新事業領域的經營資源。為此，孫正義將「人、物、金錢、資訊」這些經營資源從外部進行調度，實現了事業領域的擴張。**此時孫正義最大的武器就是簡報的力量**。

如果是大企業的經營者，就沒有必要利用簡報來蒐集公司外的經營資源，就算是要擴張新事業，也只需整合運用公司的經營資源就有充分的餘力可以對應。

可是在日本，像軟體銀行這種創新企業是極端缺少「人、物、金錢、資訊」這些經營資源的。優秀的學生嚮往進入的是大企業，走創新路線的中小企業在沒有土地或建築物等資產的情況下，銀行也不會放款給沒有實際成績的企業。另外，大企業因為商機龐大，自然會有各種資訊情報匯集；而創新企業在一開始的條件原本就較為不利。

為了彌補這些不利因素當然就必須要從公司外部去調度「人、物、金錢、資訊」等資源。面對在找工作的學生必須要說服他們「為什麼要來我們公司」，就算是擁有眾多資源的大企業，也有必須要說服對方「為什麼要和我們公司合作」的時候。同樣的，在面對投資人或銀行時也會有必須說服他們「為什麼要投資」，讓對方相信「可以放款給這家公司」的時候。

為了打動對方，此時簡報的力量就顯得相當重要，因為**簡報就是「訊息分享共鳴」的最佳手段**。如今在找工作的學生可以應徵的是數以百計的公司，對於「本公司在此業界是最大規模，公司以自由開放的風氣引以為傲，並且致力於社會回饋和環境保護」這樣的公司介紹，學生應該也是聽了不下數十回。想要找尋合作對象的大企業，應該也有許多中小企業在尋求和他們合作的機會，對這些常被希望借用資金調度的投資人、銀行來說，他們勢必也聽了數百、數千次「希望你們可以投資、放款」之類的話。

像這種大企業、投資人、銀行的負責人員，他們對「我們是能在新領域創造利益的事業」這種說詞或資料已經聽煩了。因為完全感受不到哪個才是有真正價值，哪裡才是可能成功的證據，對方認真的程度到哪裡、有多少熱情。用隨處可見的說詞，想要引起他們的興趣是相當困難的。

為了讓這些人能站在公司這邊，讓他們能從訊息得到「分享共鳴」比什麼都來得重要。而孫正義的簡報就是用在想要拉攏對方成為公司伙伴，或者希望從對方得到自己公司所沒有的資源時，進一步對他們傳達訊息「分享共鳴」的時刻。

因此在孫正義的簡報上不會用一般經營策略的理論與大綱，去說明自己公司的強項或弱點。取而代之的是訴說這個事業在「歷史上的必然性」與這個事業對社會有何種價值。這種**訴說「歷史上的必然性」和「社會價值」的方法會引來共鳴**，這就是孫正義的簡報之所以會打動這麼多人的理由。不管是誰在心裡某處，或多或少都會有「想要把現在的社會引導到好的方向」、「在歷史上的一頁留下自己的足跡」這種熱情。孫正義的簡報則是將這個小小的熱情引燃成巨大的火焰。

孫正義的簡報不論是誰聽了都會懂，簡單而明瞭。簡報的「訊息」相當明確，而在簡報上則強烈反映出孫正義所思考的「策略」。因此，貫穿孫正義簡報整體的邏輯經常是簡單而明確的。

每一張簡報投影片都是用簡短的訊息、圖片或照片所構成。此外，孫正義的語氣也像在對話般自然而柔和，絕對不會是念出備忘稿般的僵硬。沒有人喜歡，也做不到長時間一直聽無聊又難懂的話。

想要馬上成為像孫正義一樣的簡報達人或許有它的難度，不過**孫正義在進行簡報時的每一項訣竅並不困難，也是馬上就可以讓許多人做得到的內容。**

只要意識到孫正義的簡報做法，不論是誰都可以大幅加強自己的簡報能力。不僅如此，在簡報結束後還能夠感受到訊息分享共鳴的喜悅，因價值觀得到認同而獲得極大滿足。本書就是用孫正義的簡報實例將這些訣竅加以解說。前言寫了這些，希望各位讀者能活用本書，讓各位的簡報能在各自的商場上發揮最大效果。另外也希望這些結果，能讓全世界和日本的未來都有更好的發展。

孫正義的簡報術

目錄

序章　用簡報改變世界！

第1章　孫正義簡報的本質

第2章 孫正義風格的簡報做法

第3章 大幅提昇簡報效果的10個方法

第4章 影響簡報成功與否的四項準備

第1章

孫正義簡報的本質

簡報的「策略」在哪？

「想了10秒還不懂的事想再久也沒有用，再想下去只是浪費時間。」

孫　正義

孫正義的簡報不論對誰而言都是很好懂的，這件事廣為人知。一般來說，IT企業的簡報常會出現很多英文的專業術語，如果對業界沒有一定知識往往難以理解。可是在軟體銀行的股東大會上可以看到，無論再怎麼年長的人都是在得到充分理解後回去。

這是因為每一張投影片上的「訊息」都明確易懂，要理解內容不需要特別費心留意。不論是誰都會用譬喻等手法來讓簡報內容好懂，但每一張投影片的「訊息」好懂還是其次，最重要的是**簡報整體所呈現的「訊息」是簡單而明確的**。訊息務必是抓緊對方不放開，具有存在感的才行。

孫正義的簡報不是重疊細微理論所構成。在他的簡報背後明確存在的是孫正義所看出的「策略」。在孫正義的簡報裡總藏有表達「策略」的關鍵投影片，有時甚至所有簡報的「策略」和「訊息」都會濃縮在一張投影片上。因為這種建立在「策略」上的簡報，使得孫正義的簡報整體結構簡單而確實，一項「訊息」可以強烈的傳達給聽眾，就好像將無數光束結合在一起，強力的散發出光輝。

孫正義的「策略理論」

孫正義在培養軟體銀行集團將來接班人而設立的軟體銀行學院說明了何謂「策略」。他的說明不是像一般寫在經營學教科書上那種理論上的解釋，而是更好懂，有著孫正義本質風格的說明。

一般經營學教科書上的說明是「所謂的策略是指企業瞭解自己本身所在的環境機會或威脅，掌握公司本身與競爭對手的強項和弱點，維持公司發展的一連串對策」。

對此，孫正義則將其定義為「**所謂的策略是指徹底蒐集資訊，除去枝葉後只留下最粗的根幹，並找出非做不可的要害。也就是說策略的本質在『簡略』**」。這是何等簡單卻又直達核心的說明。此策略本質不但貫徹在軟體銀行的經營上，同時也強烈地反映在孫正義的簡報上。

我們來看一下在發表成立「自然能源財團」時的簡報，也正好反應了孫正義策略簡報的一個例子。二〇一一年四月二十日，孫正義宣布成立自然能源財團（在「東日本大地震重建復興檢討委員會復興願景會議」上，實際成立是在二〇一一年九月十二日）。此財團並不是軟體銀行的事業，而是孫正義以個人資產成立，財團的目的是為了對日本能源政策提出建議。

上面這張投影片就是當時簡報裡最重要的「策略」投影片，甚至可以說整個簡報的精華就集中在這一張投影片上。

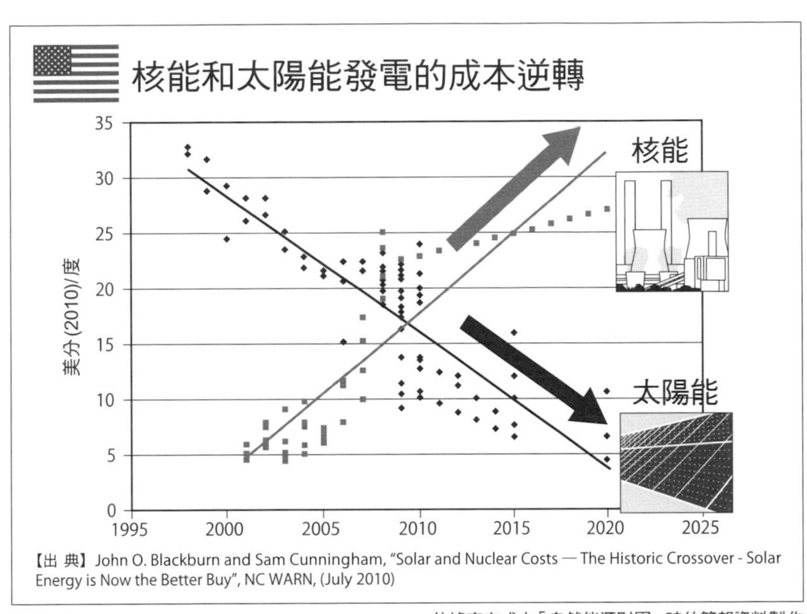

依據宣布成立「自然能源財團」時的簡報資料製作

這張投影片所透露的「訊息」是，在美國核能發電的成本有逐年增加的趨勢；太陽能發電的成本則是下降。投影片上折線圖顯示的是核能發電和太陽能發電的成本。各自的趨勢一目瞭然，也可看出這兩條折線在二〇一〇年左右交叉，差距則有年年增加的現象。

依據孫正義的說法，「核能發電便宜」常被引用來當做推廣核能發電的論點，但「每度7日圓」卻已經是三十年前以上的數據。現在核能發電成本有上升趨勢，據說已經來到每度15日圓。想當然今後的核能發電成本也會一再地增加，因為可以預想到的是福島第一核能發電廠的事故發生後所造成的安全對策成本與相關保險費高漲的問題。另一方面，太陽能發電成本則因市場擴大和技術革新有下降趨勢，今後更有可能會隨著市場的逐漸擴大與技術的不斷革新之下，使得成本逐年減少。

這張投影片強烈暗示的訊息是「**將來太陽能發電會遠比核能發電便宜**」。像這種會因時間變化的過程要用口頭說明反而難懂。相較之下，用圖表以視覺方式呈現更容易讓任何人在一瞬間就能理解。

這張投影片圖表的「訊息」非常簡單而強烈，並成功的將「未來會從核能發電轉換成用太陽能等自然能源發電」這則背後「訊息」傳達給了每一個人，而這張投影片可說是成了當天孫正義簡報的根幹。孫正義就是運用這則充滿「策略」的投影片，使得簡報整體的「訊息」非常強烈。

是否為了上司而作簡報？

孫正義的簡報除了展現整體的「訊息」外，每一張投影片的「訊息」也非常好懂。這是因為**每一張投影片的「訊息」都會整理在10到20個字左右，再搭配圖表或照片來傳達這個「訊息」。一句訊息加上一張圖表或照片，正是孫正義標準的投影片作法。**

相對的，難懂的投影片典型則是：標題寫在投影片上方，下面一條一條寫出許多訊息，在每條「訊息」下方加上縮排的文字說明，需要相當努力才能看得懂這麼多資訊。相信各位讀者都有看過這種類型的投影片。

為什麼投影片會變得這麼難懂？可以得到的理由或許是「不做很多字的投影片，就覺得好像沒有做到工作」。這也難怪，對做好的簡報會由上司確認的上班族來說，製作這種「訊息」很少或只有圖表照片等偏重視覺效果的投影片，說不定還會被質疑「到底有沒有在工作，怎麼做這種像漫畫一樣的投影片？」

像這種「就算很難懂也無所謂，只要書或資料寫得愈詳細愈好」的想法是日本獨有。在日本不曉得為什麼有很多人認為書或資料就算難懂，但是只要愈詳細就愈有價值。愈是在各領域被稱為大師的人，他就會使用愈多漢字或英文的專業術語，整體文章也是又長又難懂。就算在學校，相信大家也都曾被要求過「看書要看出作者的弦外之音」。不認真研讀就無法看出文章真意，長久以來已經被視為理所當然。

另外，就連在學校的定期考或入學考，也不會按照教科書出題目。很多時候不是會有讓人大意的陷阱，就是有應用問題。甚至在大學入學考試等，有時候題目根本就超出了教科書的範圍，就算讀遍了教科書的內容也不會考到滿分，而且考不到一百分滿分大家還會認為是因為學生不夠用功的緣故。

像這種教科書或考試的模式也影響到學習方法，接受資訊的一方總不能輕輕鬆鬆地讀過書或資料，而是要努力讀通已成了理所當然的責任。

反觀在歐美各國的學習方法或資訊傳遞的前提則完全不同。他們在每一學習單元都會設定目標，而所有學生能達成此學習目標則是老師的責任。也就是說讓所有學生在考完試後都能拿到一百分滿分是必然的結果。因此不會有故意出讓人大意的陷阱題或應用問題，當然也不會超出教科書裡的範圍。為了讓所有學生能拿到一百分滿分，教科書和上課內容也都設計得平易近人。

因為這種學習方法的影響，他們並不會認為接受資訊的一方必須要努力讀懂才行，更不可能會要求「讀通弦外之音」，他們的基本要求就是簡單看過書或資料上的內容即可。

像日本這種學習方法與資訊傳遞的前提也對簡報帶來很大影響。和書或資料一樣，理所當然的認為聽取簡報的人必須先努力做個資訊接收者，簡報也就因此被放入太多的文字。另外在公司內部製作簡報內容時，如果只做了一句「訊息」或只有圖表照片簡單的資料，又會覺得好像「偷了懶」。可是為了製作讓會場內所有人都可以看得懂的投影片，這種意識只會產生障礙。簡報投影片的「訊息」要簡單，就必須是任何人看了都能在瞬間瞭解的才行。

重要的是，「**訊息**」必須遵從「**策略**」仔細檢討，**整理成簡單的結果**。這種變得簡單的投影片絕對不會是「偷懶」的作法，做投影片也不是做給上司看，做投影片的目標是必須讓在會場內的所有人都能在瞬間瞭解的才行。

就連比爾蓋茲都不用的PowerPoint標準樣式！

還有一點讓簡報的投影片變得資訊太多、難懂的理由是簡報軟體的問題。在這領域最普及的軟體應該就是美國微軟的 PowerPoint，但用 PowerPoint 總會有文字太多的傾向，原因就在 PowerPoint 的樣式。一張投影片的標準樣式有標題和本文，本文構造又可以逐條寫出有條理的階層形式。

如果遵照這種 PowerPoint 的樣式去做投影片，雖然可以很有條理，但是會做出很無趣的投影片。**就連比爾蓋茲自己幾乎都已經不用這種 PowerPoint 的原始格式製作投影片了**。例如在二〇一〇年二月長灘市比爾蓋茲財團的演講上，他就用了像史帝夫賈伯斯一樣的簡單而具視覺效果的簡報（而且比爾蓋茲的髮型和眼鏡也變得相當時髦）。

現在比爾蓋茲的簡報幾乎看不到條列式的文章，也不使用PowerPoint的階層形式，圖表也不是套用Excel的原始樣式。Excel的標準樣式會幫圖表畫框線，縱軸橫軸還自動會有刻度線，對一份簡報來說項目太多了。另外長條圖每個長條之間的間距太大，長條本身又太細，導致視覺上的平衡感不佳。因此為了製作好看的圖表，就必須從標準樣版中去掉一些不必要的項目。

這不是指PowerPoint或Excel軟體本身不好，重點在於用法的問題。如果考慮到軟體設計，投影片原始樣式的確需要設有標題和本文，也需要可以逐條寫出有條理的階層形式。如果軟體本身規格不能區分標題本文，也沒有逐條寫出階層形式功能的話絕對不方便使用；再者若用Excel作圖表需要每次加上各項目的話也是很浪費時間，因此最好還是將原始樣式上的部分元素拿掉，作業上也比較不會出錯。

就連微軟的創辦人比爾蓋茲在使用PowerPoint或Excel時，幾乎都已經不用標準樣式了。我們不是比爾蓋茲，自然也沒有必要完全套用有著太多項目而使得視覺平衡不佳的原始樣式來做投影片。我們更應該將重點放在製作簡單好看、根幹健全、容易傳達「訊息」的簡報上持續下工夫才是。

孫正義簡報風格的訣竅

1 決定一張可以顯示整體簡報主幹與邏輯的投影片。如果簡報是由複雜的邏輯所組成，那必定是因為邏輯一項一項過於薄弱。為了「去掉枝葉」的邏輯，重要的是製作一張最能讓來場人員得到強烈震撼的，並且具有「策略」價值的投影片。

2 投影片避免作成具有眾多文字和圖表的「讀物」。要求接受資訊的一方努力只是自我滿足，無論如何投影片都必須是要讓每個人都能一目瞭然的「訊息」。

3 沒有必要配合PowerPoint或Excel的標準樣式做投影片。一下子看不懂，要集中精神才能看懂的投影片會讓聽眾注意力下降，成為溝通困難的因素。

如何整理訊息？

「從結論，先說結論」

孫 正義

孫正義每張簡報投影片的「訊息」都非常簡潔有力。**只要看投影片一眼，根本不用努力去「讀」就能在瞬間理解**，從字數來看，通常都在20個字左右。孫正義的溝通技巧簡潔有力，這可能和他擅長使用美國發祥的微網誌「推特」有關。

推特是一種發祥於美國的網路服務，使用者可以在網頁上輸入一百四十字以內的「推文」。因為它比部落格更容易使用這點受到好評，之後更是快速的被普遍使用。直至二〇一一年的現在，據說全世界的使用者約有一億四千萬人，在日本也有超過約一千七百萬的使用者，每一天的「推文」數超過二億。在這推特上看這些「推文」的人稱為「追隨者」，而孫正義的追隨者人數為139.3萬人（統計至二〇一一年十月二十七日），在日本國內是壓倒性的第一名。

在推特必須要把自己的訊息整理成一百四十字以內，並且使用會讓人留下印象的文字形式。孫正義在推特上的訊息總是下了非常多的工夫。例如他在二〇一一年八月七日的推文上寫了「**我是希望儘快『朝零邁進的核電最小化主義者』。如果在前幾天有看到徹底討論的人應該能瞭解我的想法**」。

「訊息」不是短就好了

這句「朝零邁進的核電最小化主義者」非常明白地表示了孫正義對核能發電的態度。之前提到二〇一一年四月二十日宣布成立自然能源財團時放在簡報裡的策略性投影片，將它用文字敘述就是「朝零邁進的核電最小化主義者」。

在這張投影片裡，核能發電和太陽能發電的成本以折線圖表示，各自的趨勢一目瞭然。另外，兩條折線在二〇一〇年左右交叉，其差距則有每年愈來愈大的趨勢。孫正義的意思並不是要「廢核」，或是「現在馬上關閉所有核能電廠！」，但也不是像核能擁護者所說「不用核能發電經濟就會破洞！」孫正義追求的除了核能發電以外的自然能源，同時也尋找各種像節電、全國送電網一體化等選擇方案。但現階段如果是為了維持經濟有所必要，也只有接受並從安全性較高的新核電廠開始運轉。但就長期來說可以預測自然能源發電會比較便宜，所以還是朝向以「零核能發電」為目標。

他將自己的立場濃縮在短短一句「**朝零邁進的核電最小化**」，這句話可以觀察到很深的含意。句中的「零」除了表示在將來某個時間點所應該到達的目標終點，同時「朝」這個字則包含了折線圖裡是從過去到未來的時序概念。另外「最小化」則是包含了優先使用自然能源再考慮核子能源的對立，同時也暗示「為了維持經濟」的前提條件。在這句「朝零邁進的核電最小化」裡濃縮著許多邏輯。

像這樣，孫正義可說是整理「訊息」簡短明白的達人。當然「訊息」不是隨便的愈短愈好，而是要抽出在簡報裡最強烈的訊息才是關鍵。任誰都會對持續發出堅定且一貫強烈訊息的人加以注意，這也是孫正義的推特追隨者人數之所以成為日本壓倒性第一名的理由。由此可知，推特達人有時也是具有簡報達人的潛力。

軟體銀行的員工也在訓練！

孫正義在傳達資訊時不只針對自己本身，對員工也同樣要求整理「訊息」要簡潔。有一種「Elevator Talk（電梯對話）」就很適合用來說明「訊息」簡潔的重要性。這句話據說是源自於矽谷。其原意是，想創立新產業的人為了要請平常難以見到面的資本家出資，故意裝作偶然在電梯裡相遇，並在到達目的樓層的短時間內成功說服他們出資而來。

軟體銀行的員工要向孫正義報告自己負責的企劃或提案同樣也是一項辛苦的挑戰。首先要配合孫正義行程取得時間見面就已經很難，這就如同要和那些會對新產業出資的資本家見面一樣，就算決定了見面的時間，也常有因為前面的會議拉長，延後見面時間的情形。最慘的狀況是都還沒能開到會，孫正義就已經準備要外出了。

因此，如果很幸運的聽到祕書說「趕快進社長室吧」，就得趁還沒有人打電話來讓會議延期時，馬上走進社長室開始提案。一開始的十秒很重要，如果報告的內容拖泥帶水就會被說「**從結論，先說結論**」。如果還是不能簡潔的報告就會被提出「以後再說！」而就此結束。接著下個行程的來賓就會被叫進來，然後員工只能垂頭喪氣的離開，不管那件事對他有多重要。孫正義「聞一知十」的能力，就從員工開始說話的樣子或開始的兩、三句話便能知其大意，在這裡就將員工打回票更是常有的事。

如果一開始順利的讓孫正義聽了超過十秒，之後自然就會形成討論，並得到一定結論。這時員工總算放下心中的一塊大石，笑容滿面的離開社長室。因此軟體銀行的員工在孫正義面前，都是必須先準備、整理頭腦思緒，認真的想清楚要怎麼說出一開始的第一句話，就好像要使出「居合斬（日本一種拔刀術，引申為一招致命）」的氣勢一般。像這種承受壓力向孫正義報告的情形對員工來說，正好可以成為溝通時必要簡潔的強烈訓練。員工對其下的部屬也會做出同樣簡潔溝通的要求，慢慢釀成軟體銀行全公司的風氣。這可說是軟體銀行強壯的源泉之一。

為了能作出更精銳的簡報，**最重要的是抽出「訊息」，並訓練用短文將它說出。**而這種訓練在對上司的日常報告，或在推特上都是可以充分運用到的。

孫正義簡報風格的訣竅

1 將每張簡報投影片的「訊息」文字最長整理在二十個字左右。必須要讓會場內的人們在瞬間就能理解投影片的「訊息」。

2 投影片的「訊息」不是簡短就好了。重要的是縮短時要將自己「訊息」內所要包含的策略位置、前提條件、時序概念、對立概念等巧妙融入，不要有所遺漏。

3 要將投影片「訊息」做成短文的訓練，除了簡報之外也有很多機會。例如對上司的日常報告，或在推特上。訓練作出簡潔精銳訊息的場所無所不在。

數字加深簡報含意

「讓我們回顧一下。我們進軍行動通訊產業剛好滿5年，在這裡我想要舉出5、6、7這三個數字」。

孫　正義

二〇一一年五月九日，孫正義公布了二〇一一年三月期（二〇一〇年四月～二〇一一年三月）軟體銀行集團的合併財務報表。公布財報時，他在說完報表的整體數字後像是出謎題一樣，投影片上顯示了三個巨大數字。會場內的人們因為想要知道這些數字的意義為何，一口氣就被孫正義的簡報所吸引。

此時軟體銀行財報的數字讓人相當驚喜。營業額從軟體銀行創業以來首次超過3兆日圓，為3兆46億4千萬日圓（和去年同期相比增加8.7%），營業利潤為

6291億6300萬日圓（和去年同期相比增加35.1%），經常利潤為5204億1400萬圓和去年同期相比增加52.6%），本期淨利為1897億1200萬圓（和去年同期相比增加96.2%）。完全達到軟體銀行創立當時孫正義說的目標「**這會成為一家1兆2兆在計算營業的公司**」。

此成長的源泉是行動通訊業務。此業務的營業額為2兆多日圓，營業利潤為約4千億日圓，佔軟體銀行集團全體的比率約為三分之二左右。此業務可說左右了整體集團業績，佔了相當重要的位置。

可是這和當時軟體銀行買下軟銀行動通訊前身沃達豐日本法人時狀況完全不同。沃達豐二〇〇五年度的營業利潤僅有763億日圓。不僅如此，每年沃達豐的營業利潤持續減少。借用孫正義的話來說，是處在一個「倒頭栽」墜落中的狀況。在此狀況中沃達豐被軟體銀行買下變成軟銀行動通訊後，則如奇蹟般的復活及成長。

證明軟銀行動通訊如同奇蹟般成長及復活的數字，就是孫正義在簡中報舉的5、6、7這三個數字。

利潤	基地台	用戶數
5倍	6倍	7倍

依據軟體銀行股份有限公司2011年3月期財報説明會資料製作

這些數字的意思，5為「營業利潤約5倍」，6為「軟銀行動通訊行動電話的基地台約6倍」，7為「軟銀行動通訊手機用戶約增加7倍。

行動通訊業務的營業利潤從剛才看到二〇〇五年度的763億日圓增加到4024億日圓，為5.27倍。另外軟體銀行剛買下沃達豐時，一般人都有「沃達豐門號訊號很差」的印象。這是因為他們行動電話的基地台全國只有2.1萬台，特別在比較不發達的城市更少，因此讓客戶有了「沃達豐門號訊號很差」的固定印象。

為此孫正義向客戶表態會大幅增設行動電話基地台。接著在二〇一〇年度基地台達到12.2萬台，和沃達豐時期比較，基地台數增加了約6倍。另外行動電話的累計用戶數也從沃達豐時期的只有1520萬，增加約7成，成為2540萬。這就是數字5、6、7的意思。

軟體銀行行動通訊業務成功的驚喜，一般被認為是iPhone在日本的推廣成功所致，不過成功的因素不僅於此。孫正義將這些成功的潛在因素表達在簡報中，讓誰都能一目瞭然。**這數字5、6、7分別代表的是「確實有利潤」、「買下沃達豐後持續努力改善訊號不良問題」、「用戶數穩健成長」。這真的是為了將資訊確實傳達給聽眾最有效的方法。**

所有投影片附上數據！

孫正義要求所有在商業上發生的事例都要有數據。在軟體銀行集團裡，對孫正義的報告如果沒有數據，一定會被他追問清楚原因和理由。

例如手機或是軟體的銷售都好，假設要向孫正義報告某個月的營業成績。在外面通常只要報告「比上個月增加2％」或許上司就會滿意，但是這可不適用在孫正義身上。首先他會先問「營業天數幾天」。當然月份天數有28天到31天不等，讓人意外的是當月天數對營業成績的影響還蠻大的。甚至28天和31天的月份會差到1成左右，所以必須在一開始就把此影響從營業成績中扣除。

假設本月份比前一個月多一天，那營業成績好個3％理所當然。如果這時候說「和上個月相比增加2％」就會被罵。孫正義一定會說「沒比上個月增加3％才奇怪吧」。接下來算完星期六日等休假天數後會問「假日銷售額和平日比起來如何」。如果沒辦法讓他接受就會開始陸續討論促銷活動有無效果、產品品質、站在銷售第一線的業務小組是直營還是代理店、業務小組人員資歷幾年等因素。這種研討會一直持續到孫正義能夠接受為止。

在軟體銀行一直徹底執行這種基於數據的討論。這種手法在統計學上稱為**多變量分析**。所謂多變量分析的手法是將多個變數的關係以統計方式分析後明確化。在軟體銀行裡也要求營業成績使用這種多變量分析來說明。一切都是從數據開始。

製作簡報也一樣。**在孫正義的簡報裡，都會儘可能的放進能表示每張投影片「訊息」的數據**。例如在公布二〇一一年三月期財報的簡報上，包括封面和注釋等共92張的投影片裡，有數據的投影片有69張，沒有數據的投影片只有23張。也就是說有75%的投影片都有數據；沒有數據、業績等項目的投影片，多半是講解今後新業務或者補充的輔助資料等等。

另外，會出現在孫正義投影片的數據不只是像營業額或利潤等，一般企業所必須要公布的營運數據。除了這些必須要公布的數據之外，他也很積極公布能有效顯示經營狀況的數據，例如針對第三方進行的企業形象調查等結果。有了這些第三方的調查結果，更能加強投影片裡「訊息」的強度。

但是在簡報中，不會常有剛好適合的「數據」來傳達每張投影片的「訊息」。這時孫正義就會自己設定數據，作出數據。

例如孫正義在推特上對軟體銀行用戶提出的希望或意見，有時會在推文寫「來做吧」。有個例子是「做好了！災害時報平安用的資訊留言板可以登錄的件數增加了，從10件成為80件」。這推文報告了軟體銀行已經做到孫正義之前的推文。像這樣以孫正義寫「來做吧」的推文件數為分母，實現件數為分子的數據，孫正義把它稱為「來做吧」進度。這數據不只會在公布財報時提出，也公開在軟體銀行網站，即時更新。

「來做吧」進度的數據算法當然不是一開始就存在。可是為了明確顯示孫正義的推文內容實際上究竟做到多少，有它就好懂多了。一般來說，普通人說出口的話通常都會有含糊帶過、敷衍了事的情形。不過，對外公開這種數據則可以明白表示對自己的推文是有在負責的。

數據要「比較」才有意義

孫正義會在簡報上有效果的使用數據，因為數據是為了用來強調投影片的「訊息」，然而只是單純的看到數據並無法掌握真正的含意，因為**數據需要透過「比較」才有意義**。

例如剛才也有提到的，在二〇一一年三月期公布財報的簡報上用了NTT docomo和KDDI的數據來和軟體銀行的總營業額、總營業淨利比較。軟體銀行的總營業額增加2412億日圓、總營業淨利增加1632億日圓；NTT docomo的總營業額減少601億日圓、總營業淨利增加105億日圓；KDDI的總營業額減少76億日圓、總營業淨利增加280億日圓。投影片上強調的「訊息」是，在軟體銀行增收增益的同時，NTT docomo和KDDI是減收增益。

孫正義想強烈傳達這些數據的「訊息」是無庸置疑的，因為他把這張投影片放在簡報一開始的部分。

這些數字是孫正義經過思考後作出的數字，並不是單純和其他競爭公司「比較」，

和其他公司比較
（2010年度比較前一期增減）

（億日圓）

	軟體銀行	NTT docomo	KDDI
總營業額	＋2,412	▲601	▲76
總營業淨利	＋1,632	＋105	+280
	增收增益	減收增益	減收增益

※依據各公司公開資訊製作

依據軟體銀行股份有限公司2011年3月期財報說明會資料製作

也不只是和自己公司過去的業績「比較」。孫正義所用的數據同時具有與其他競爭公司的「比較」，和與自己公司的過去業績作「比較」，這兩種雙重「比較」的意義存在。

用這些數據孫正義想傳達的訊息是**「軟體銀行猛追著NTT docomo與KDDI。只要延續這個氣勢就有可能追上」**。如果只單純比較總營業額（營業淨利）或總營業淨利，軟體銀行或許比不過NTT docomo或KDDI，但如果用其他競爭公司與過去業績來做雙重「比較」就可以看清一件事。那就是用這份財報來看這一年經營成績的話，可以知道軟體銀行是處於擴大平衡，而其他兩家公司反而處於縮小平衡。

另外，在這份簡報還有一張投影片是日本企業的營業淨利排行榜。在這排行榜裡第一名是NTT，第二名是NTT docomo，第三名是軟體銀行，第四名是本田技研工業，第五名是豐田汽車，第六名是日產汽車。軟體銀行二〇一〇年度的營業淨利是6291億日圓，可是光聽這個數據就能知道有多「厲害」的只有股票分析師。因此孫正義藉著「比較」數據來明確這樣究竟有多「厲害」。

孫正義的表達方式如下，「**在日本上市企業中軟體銀行的營業淨利連續兩年保持第三名。第一名是NTT，第二名是docomo，而我們和第二名的差距正急速縮小中**」。

「6291億日圓」要像這樣「比較」才會成為有意義的數據。在上市企業的排行榜內才顯得明確。

因為有這個排行榜，「6291億日圓」才會有很多意義。首先可以知道軟體銀行

營業淨利排行榜（2010年度）

名次	公司名稱	金額	
1	日本電信電話	11,800億日圓	（預測）
2	NTT docomo	8,447億日圓	
3	軟體銀行	6,291億日圓	國內第三名
4	本田技研工業	5,697億日圓	
5	豐田汽車	5,500億日圓	（預測）
6	日產汽車	5,350億日圓	（預測）
7	國際石油開發帝石	4,880億日圓	（預測）
8	KDDI	4,719億日圓	
9	日立製作所	4,400億日圓	（預測）
10	佳能	3,875億日圓	

※2011年5月6日現在 依據各公司公開資訊製作（不含金融機關）

依據軟體銀行股份有限公司2011年3月期財報說明會資料製作

和代表日本的大企業NTT、NTT docomo、本田技研工業、豐田汽車、日產汽車並列為高利潤企業。另外也顯示在日本企業內，NTT、NTT docomo、軟體銀行和本田技研工業、豐田汽車、日產汽車等製造業相比利潤更高。再者孫正義也指出軟體銀行集團的總營業額比前一期增加9%，超過3兆日圓等，呈現急速成長。這也一併顯示現在軟體銀行的總營業額是第三名加上急速成長，在不久將來更有提昇名次的可能性。

用「數據」分享「趨勢」

與其他同業公司比較固然重要，但是做某一期間內的比較也非常重要。**用連續數據讀取趨勢預測未來，對孫正義來說是不可或缺的動作，因為在進行簡報時分享這種趨勢有很大意義。**不論任何事物只要依據數據看出「趨勢」，就能以一定機率預測未來。例如只要看軟體銀行二〇一一年三月期的財務報表，就能知道很多數據都是由六到十年左右的期間做圖表比較。

如果要舉個例子，可以看軟銀行動通訊貸款剩餘金額的推移。這數據表示從二〇〇六年十一月開始每一年的貸款剩餘金額。軟銀行動通訊一開始的貸款金額龐大到1.36兆日圓，因此當時也有看法是懷疑軟銀行動通訊是否能確實減少債務。這張投影片的「訊息」則與一般預期相反，如實訴說軟銀行動通訊的債務確是一直在減少當中。

首先，在這張投影片將軟銀行動通訊到二〇一八年為止的貸款償還計畫用虛線表示（最小化計畫）。

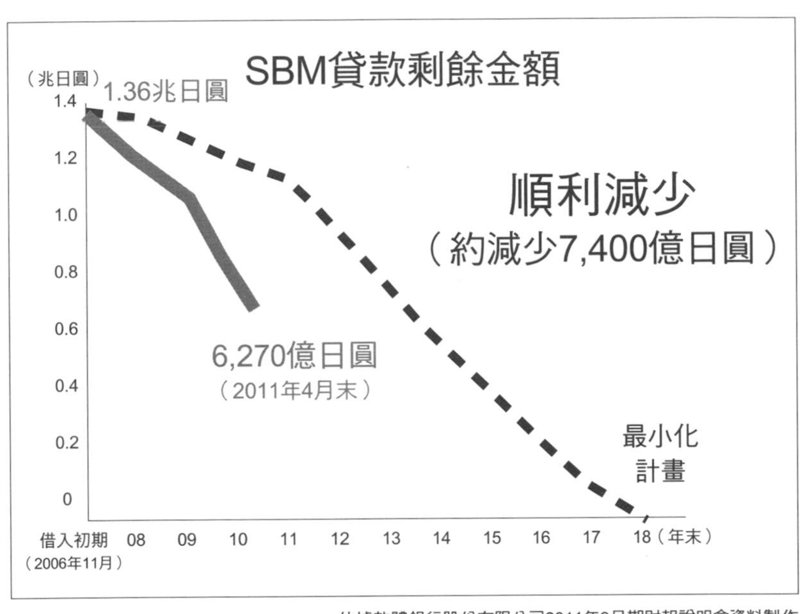

依據軟體銀行股份有限公司2011年3月期財報說明會資料製作

在這張圖上另外也做了一條曲線來顯示實際貸款剩餘金額的償還狀況，與虛線加以比較。照此圖來看，軟銀行動通訊從二〇〇六年十一月到二〇一一年四月為止，共償還了約7400億日圓的貸款金額。只要看圖表就能明確看出每年金額確實減少的「趨勢」。

在一開始的償還計畫雖然訂定二〇一八年軟銀行動通訊的貸款剩餘金額會變成0，不過這張投影片的「訊息」顯示了目標很可能會提早好幾年達成。

用數據導出願景！

像這樣用數據的「趨勢」預測未來是孫正義經營手法的根幹。據說孫正義創業時做了許多事業計畫。在這些事業計畫有個讓他下定決心「在數位資訊業創業」的數據，而這個數據對孫正義和軟體銀行的未來，到現在仍然持續著相當大的影響。

通常所謂的企業理念、願景，一般都不會有數據佐證，例如「用嶄新藥品創造健康社會」「提供穩定電力支撐社會」。就算有像這樣的企業理念、願景，也沒辦法用數據加以佐證，而就算有數據，這數據也不見得可以成為將來創造事業的基礎。不過在數位資訊業卻有「能預知未來的魔法數字」存在。

在數位資訊業能預知未來的魔法數字就是「摩爾定律」。「摩爾定律」指的是「**半導體積體電路上的密度，每隔18到24個月會變成2倍**」。一般知道這是一九六五年美國半導體製造商英特爾的共同創辦人戈登摩爾提倡。這雖然是一種經驗法則，但至目前為止，這個定律仍未被打破。

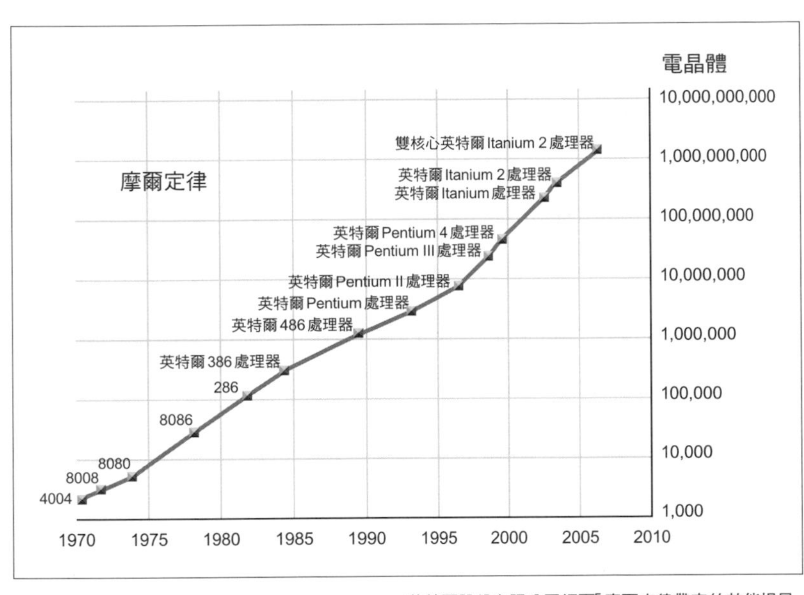

英特爾股份有限公司網頁「摩爾定律帶來的效能提昇」
依據(http://www.intel.com/jp/technology/mooreslaw/index.htm)製作

半導體的性能會在18到24個月增加一倍，也就是說如果電腦性能相同，那它的大小就會變成一半。另外幾乎是引用「摩爾定律」，網路等數位資訊的通訊速度也被預測會同樣的高速化。

其實孫正義創業以來，就一直依照這「摩爾定律」將事業策略不偏移的引導到正確方向。例如在一九八〇年代大型電腦全盛期，他以開創個人電腦用的軟體事業為基礎就是如此。因為依據「摩爾定律」可以很清楚看出，在發展電腦的初期階段只能用大型電腦處理的事，將來會逐漸改變以個人電腦來處理。

另外，最近也同樣預測以 iPhone 為首的智慧型手機會普及而搶先行動。原先在產品發展的初期階段，通常都是強化某種功能的終端機在其被強化的領域上會特別優秀。像日本的傳統行動電話被稱為「加拉巴哥機」（由地名加拉巴哥群島而來。由於該地環境影響使得島上動物與外地隔絕，時間一久演變成獨特物種。引申為某一事物因故演變為自己獨有的型態，難以和外界接軌）就是一例，可是現在卻急速被可稱為小型電腦的智慧型手機所取代。由此可以大膽地預測，日本在二〇一四年會有一半以上的行動電話被智慧型手機取代，相信孫正義當初也已經預料到這種資訊的演變。

最好的例子就是日本的文字處理專用機。一九七九年東芝最早發售文字處理專用機，在一九八九年每年可以賣出 271 萬台，可說是生意興隆。當時個人電腦在輸入日文漢字、變換等功能面並不充足，不過隨著電腦性能提昇和隨之而來的降價、軟體內容逐漸充實等，文字處理專用機漸被電腦取代，到二〇〇二年十二月隨著夏普的停止生產而絕跡。

像這樣依據「摩爾定律」產生的「從大型機到小型機」「從專用機到泛用機」現象在各種產品領域重覆發生。孫正義用「摩爾定律」和自己本身的經驗相當瞭解此現象，所以才把它當作將來事業願景的佐證。

依據「摩爾定律」軟體銀行的下個三十年

孫正義又依據「摩爾定律」發表了新願景，那就是在二〇一〇年六月二十五日發表的「軟體銀行新三十年願景」。在「新三十年願景」孫正義這樣說道：

「電腦的基本原理是二進制。以前是用像電燈泡的真空管，是通電、不通電的二進制；而現在取代真空管的是電晶體：電晶體連接、分開兩種。電腦用二進制計算，其實和人類的腦細胞是同樣構造。腦細胞裡有所謂的突觸，突觸也是用連接、分開的二進制在計算或思考。顯然在生理學、生物學上不是這種說法，可是實際進行程序，人腦和電腦的構造卻是完全相同，人類的腦細胞也是採用二進制。

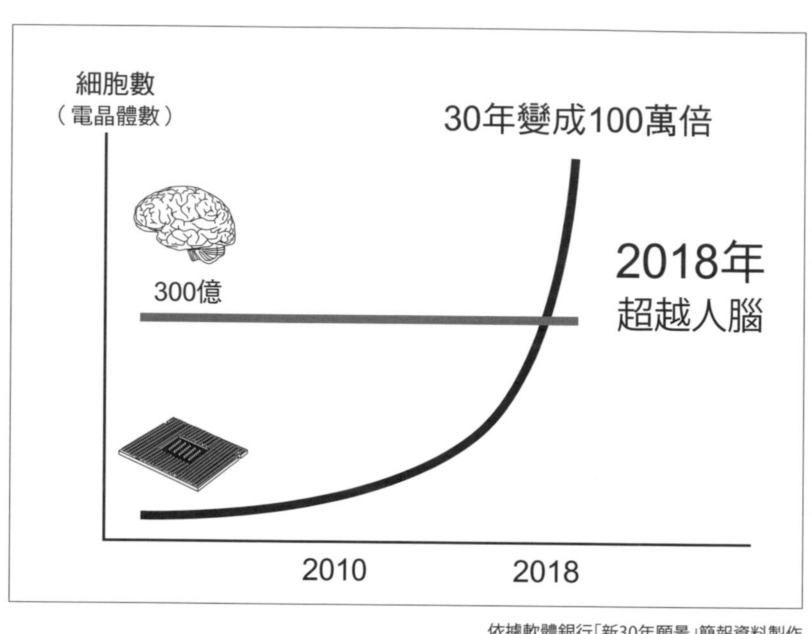

依據軟體銀行「新30年願景」簡報資料製作

人類的大腦約有三百億個稱為突觸的腦細胞。這三百億個突觸都就像電晶體一樣，以二進制進行連接、分開的動作。我曾在二十年前計算並預測電腦晶片中的電晶體數量什麼時候會超過這三百億個大腦細胞，所算出的結果是二〇一八年，近二年前我又算了一次，結果一樣還是二〇一八年。

我要說的是，電腦晶片裡的電晶體數量什麼時候會超過人類的腦細胞？不是五十年後，不是一百年後，還有八年就到了。」

孫正義就像這樣預測未來電腦會超過人腦來考慮事業。在這新三十年願景裡還提到活用科技進步帶來的學校教育變化、機器人的普及等，**軟體銀行的願景都是運用「摩爾定律」的數據來佐證**。也就是說，在陳述簡報願景的同時，每一張投影片都必須要有數據佐證，當然在表達企業願景時就更不用說了。

孫正義簡報風格的訣竅

1. 在簡報的每張投影片中加入能佐證「訊息」的數據。因為加入數據可以明確訊息的傳遞；如果沒有數據就不能比較，也就難以掌握訊息含意。

2. 簡報最重要的是向聽眾表示數據的意義，而最有效的手法就是「比較」。一些代表性的「比較」方式有：自己公司過去和現在的時序比較，與其他同業競爭者的比較等等。

3. 如果沒有適合投影片「訊息」的數據時，應該試著挑戰去思考、設定能確切傳達其「訊息」的新數據，並加以量測。

4. 自己的公司願景也應該用數據佐證。只要看數據顯示的「趨勢」就可以預測未來。用這些數據佐證的願景，實現的可能性不但會大幅度提高，也較容易具體執行。

讓會場所有人感受到「歷史上的必然性」！

「數位資訊革命是繼農業革命、工業革命後人類的第三次革命！」

孫　正義

在孫正義的簡報裡經常會提到歷史，這是因為**學習歷史預測將來，具有分享簡報可信度的意圖存在**。

例如在二〇一一年度軟體銀行要雇用應屆畢業生時的簡報「孫正義LIVE 2011」就是一例。在這簡報裡他將軟體銀行的策略「行動通訊網路第一」、「亞洲網路第一」，用和工業革命同樣的脈絡說明其在歷史上的必然性。一開始，孫正義就向學生發問「究竟何為網路革命？」接著講到工業革命的故事。

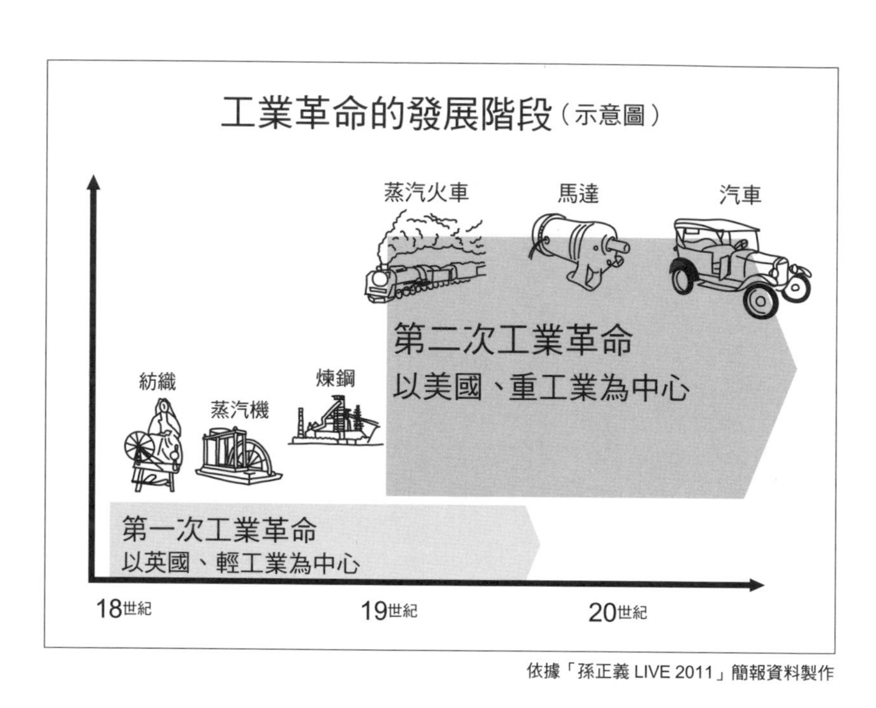

依據「孫正義 LIVE 2011」簡報資料製作

「因為農業社會要轉變為工業社會，所以必然會有工業革命。第一次工業革命是以英國的輕工業為中心；接著第二次工業革命則是以美國的重工業為中心」。

在這張關於「工業革命的發展階段」的投影片裡，首先是左下方英國工業革命的動向，紡織、蒸汽機、煉鋼等第一次工業革命內容顯示在箭頭上方，然後接著寫在這個箭頭右上方的是更大的箭頭，在上面則顯示有蒸汽火車、馬達、汽車。孫正義向學生傳達從島國英國開始的工業革命，再將場所移往有更巨大潛力的新天地美國同時，產品的位置逐漸改變並持續發展。

接著孫正義在這裡將故事拉近，拉回學生本身。

「現在就是第二次工業革命末期。日本之所以會失去光芒就是因為在這第二次工業革命末期，日本的存在意義開始搖搖欲墜。在以美國為中心的第二次工業革命時日本追上了，但今後工業革命將會移往勞資材料更便宜的中國、印度，所以日本的競爭力消失了。在組裝業、製造業中，日本再一次拿回競爭力的可能性幾乎是零，這點我可以斷言」。

聽了孫正義這番話學生們只能屏息，因為在他們要應徵的企業當中，應該就有不少是以「讓日本製造業復活」的願景為目標，沒有經營者敢對日本製造業的未來如此斷言，而且還與大部分經營者抱持完全不同的觀點。孫正義接下來將焦點放在學生的身上繼續說道。

「各位看來都才二十幾歲，對各位來說接下來的人生還有五十年的光景，難道要把這五十年賭在製造業上嗎？日本再次奪回工業生產國製造業的競爭力，成為世界上數一數二競爭力的時代還會來臨嗎？日本真的能靠光輝的電子業、製造業、汽車業，再次迎接前景光明的時代嗎？讓我來說的話，我敢斷言，絕對不可能。用一把大尺來看，接下來的中心是勞資便宜的中國、印度。我們要如何與他們國內的巨大市場規模競爭。如果有重大型革命發生則另當別論，但以目前狀況恐怕沒辦法，至少我是這麼認為。」

在這裡，孫正義把論點移到日本復活的可能性。對應投影片「工業革命的發展階段」，下張投影片的標題是「IT 革命的發展階段」。在左下方有第一次 IT 革命，以美國、PC 為中心的箭頭。接著右上方畫有第二次 IT 革命，以亞洲、行動裝置為中心的箭頭。孫正義繼續說道。

「唯一能讓日本復活的可能性是什麼？不是靠肌肉，不是靠人口數量，是用腦袋去決一勝負。比人口數量比不贏，比肌肉比不贏，比勞資比不贏，而是要用腦袋。

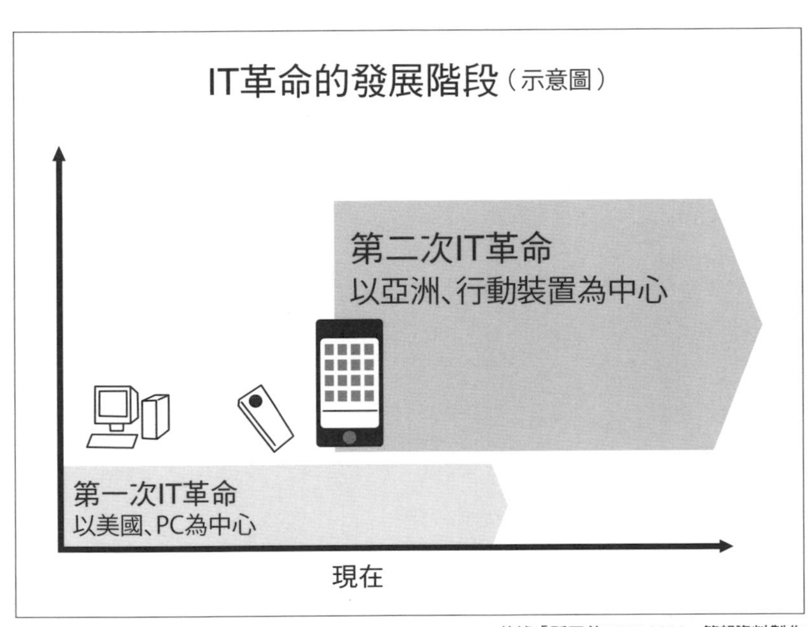

依據「孫正義 LIVE 2011」簡報資料製作

這才是日本最後、唯一的機會。第一次IT革命在美國，可是第一次工業革命卻是在英國，第二次才移到美國。因此，第一次IT革命雖然在美國，但是第二次IT革命也有可能是以亞洲為中心。

從以PC為主來到行動裝置為主的市場，我們可以擁有再次並列起跑線的機會。我們在這兩方面還有機會：掌握亞洲的人，才能掌握世界；掌握行動裝置的人，才能掌握網路。在這裡還有一次能重新整理起跑線的最後機會，所以我才一直強調行動通訊網路的重要」。

孫正義就以「工業革命的發展階段」、「IT 革命的發展階段」這兩張投影片並列，說明同樣的現象正在發生，然後指出科技進步和深度使用會改變革命的中心地區。接著孫正義將話峰轉回到軟體銀行的策略，目標是以「行動通訊網路第一」與「亞洲網路第一」。孫正義說明此策略來自剛才解釋的「歷史上的必然性」，相信會場的學生聽了這個簡報，也能感受到**軟體銀行的未來是符合「歷史上的必然性」，雖然非常有野心但成功的可能性極高。**

孫正義接著又以宏觀歷史的角度來說明軟體銀行的經營理念，同時也可以解釋軟體銀行的存在意義。軟體銀行的經營理念為「透過數位資訊革命，推動人們分享智慧知識，實現企業價值最大化，進而貢獻人類與社會」。在此理念一開始提到的「數位資訊革命」，正是孫正義自從創業以來一直用同樣的歷史角度來做驗證的重點。

人類歷史的三次革命

孫正義認為人類歷史上有三次關於生產的重大革命，這想法是受到美國未來學家艾爾文・托夫勒很強的影響。**第一項革命是農業革命**，約在紀元前四千年人類在美索不達米亞利用灌溉開始農耕，因為農耕一粒穀物可以增加三百倍，於是從狩獵社會開始進入農耕社會。由此人類脫離不斷移居尋求獵物的生活，開始定居，然後隨著效率生產可以長時間的保存農作物，節省了每一個人為了取得生存必需消耗熱量的時間，讓社會分工變為可能。一般認為國家的形成就是因為利用灌溉進行農耕，產生社會分工後而來。

第二項革命是發生在十八到十九世紀的工業革命。在工業革命以前生產活動都是以人力或家畜為中心，但隨著科技發展，工業革命後則是以使用石化燃料的蒸汽火車等外燃機為生產活動中心。生產型態從家庭手工業轉為機械化工廠，生產力顯著提昇。一般認為工業革命讓農耕社會轉變為工業社會。另外工業革命和工業社會也被認為有大量生產、大量流通、大量教育、大眾媒體等特徵。

接著**第三項革命是資訊革命**，資訊革命分為類比和數位兩個階段。對人類來說，首先在一四四五年古騰堡進行活版印刷就是**類比資訊革命**。古騰堡印刷的書成為宗教改革和文藝復興的契機，在此之前能取得用羊皮紙寫的昂貴聖經，閱讀到文字的只限於神職人員。但是因為活版印刷讓每個人都變得非常容易取得書籍，自己可以直接讀到神的話語。之後因為對神職人員販賣贖罪券等行為產生疑問而產生宗教改革，促使即將從中世紀束縛解放的文藝復興運動。

下一個階段則是從一九五〇年左右的電腦發明與網路普及以後，資訊技術發展所造成的**數位資訊革命**。和過去農業革命、工業革命、類比資訊革命相同，數位資訊革命也正在改變社會。以這三項革命理論為前提，軟體銀行的企業理念可說是非常強固。

而這三項革命也同時暗示著幾項帶來的變化，科技會改變社會架構、經濟，還有人們的生活。因為科技可以讓社會分工同時得到協調，生產力提昇，文明更加發展等等。

用歷史來說明社會改革的開端是？——

像這樣用歷史變化來說明事物帶有非常強的說服力。使用歷史觀說明過去預測未來，並對社會帶來影響最成功的人物是以「資本論」（一八六七年～）等書聞名的卡爾・馬克思。其實艾爾文・托夫勒對歷史的定位方法受卡爾・馬克思影響很深。卡爾・馬克思在他的著作中力說「資本主義必然會轉變為社會主義、共產主義」。依據這個以社會主義為國的想法漫延至東方各國，於是二十世紀就形成資本主義的西方各國和社會主義的東方各國對立的世紀。除此之外也對西方各國的年輕人造成影響，致此產生學生運動等等的社會改革運動。在這卡爾・馬克思的思想背後就是將經濟發展以歷史方式定位的「唯物史觀」。

卡爾・馬克思在一八五九年「政治經濟學批判」的序言力說唯物史觀，他在生產關係裡探求社會架構。所謂生產關係是由社會成員所組成，是指在社會上人與人之間的關係。他認為這個關係存在著歷史發展階段，其上層結構主要是由政治或法律等構成，又因上層結構依賴下層結構，所以最終會被下層結構所限制。

他認為生產關係的歷史階段有亞洲的、古代的、封建的、近代資產階級的等等關係。在某一生產關係發展到一定水準時，反而會成為阻礙發展的桎梏產生社會革命。上層構造也會因此被改革，到最後就形成社會主義、共產主義。馬克斯就是像這樣讓許多人相信社會主義、共產主義一定會實現。

如何製作有歷史上必然性的簡報？

卡爾・馬克思回顧歷史發現了「社會上層結構的政治或法律是依賴著下層結構的生產關係」這個規則，而預測了社會主義、共產主義的未來。這可說是用過去歷史導出規則，讓預測未來變得可能。像這樣用過去經驗導出能幫助預測未來的規則，在IT業界常被引用的就是「半導體積體電路上的密度，每隔18到24個月會變成2倍」的「摩爾定律」。孫正義為了讓自己的簡報與「歷史上的必然性」連結，經常活用這個「摩爾定律」。

孫正義簡報風格的訣竅

1 對簡報內容的業務、商品或服務，不要近視短利的用「消費者需求」或「對競爭公司的對策」，而要用「歷史上的必然性」說明。

2 用歷史觀點回顧過去，延伸過去預測未來，重要的是要訴說自己公司業務、商品或服務的快速成長是「歷史上的必然性」。

3 為了讓簡報會場的人們感到「歷史上的必然性」，重要的是要發現隱藏在過去歷史洪流裡的規則。

進行簡報的人為「主」，投影片為「輔」

「用右腦做簡報！」

孫 正義

製作簡報投影片時最容易陷入失敗的原因，就是想讓投影片表達一切。

首先，重要的是瞭解以製作簡報的人本身為「主」，投影片只是為「輔」。如果只靠投影片就能表達，那就沒有必要進行簡報了。做簡報的人和投影片的關係，就像口語和文章用語的關係一樣。

一般來說文章用語會比口語來得更有條理。例如一本書會包含目錄、標題、本文，主詞、述語等，文章構造也會井然有序，而內容也比較不會有相反或重覆的情況發生，不會有「大家準備好了嗎」這種和本文無關的提問語句。

相對的，在口語裡，主詞、述語的關係原本就不太完整。有時重覆說到一樣的話，有時則會省略。如果對話時不管對方的反應，只是用著像在寫文章一樣的用語說話，雖然聽起來非常有條理，不過可能會被認為像是自言自語在講話的機器人。

簡報如果想要光靠投影片來表達一切，就像是使用文章用語說話一樣，無法得到共鳴。再則每一張投影片內容都有某種程度的完結，也沒辦法像文章一樣將一直用「那個」、「像這樣」等的指示詞連接，或是在投影片與投影片之間用到「但是」、「另外」等接續詞。因此投影片和投影片之間的關連構造就必須要交給觀眾思考或由進行簡報的人加以口頭補述，結果往往造成每一張投影片都比文章用語還要抽象，或太過理論的分條列述。

如果進行簡報的人在說明時還能適當的用「但是」、「另外」等詞連接，讓投影片和投影片之間有關連性的話還好，就怕只是念著投影片上的標題文字「接著是○○」。這樣一來，會場的人為了搞懂投影片與投影片之間的關係，就會將精神集中在熟讀會場所發的，將投影片內容濃縮到投影片一半尺寸以下的印刷資料，而不會仔細去聽進行簡報的解說，甚至還會讓人對這種努力感到疲累而放棄理解，乾脆逃避到舒適安穩的睡眠世界。

如果想讓會場的人更加瞭解簡報內容，進行簡報就必須要接近「口語」，而且儘量以進行簡報的人為「主」，投影片則為「輔」。也就是說投影片只能當作是「口語」的輔助工具。

如果用這樣子的方式去思考，就可以知道用 PowerPoint 的標準格式做投影片只是讓簡報的訴求更加混亂而已。所謂的簡報應該是進行簡報的人一邊看會場聽眾的集中程度、理解程度、反應等等，一邊和會場聽眾進行「對話」。**進行簡報時最重要的溝通方式是主講人的「口頭表達」、「肢體語言」、「眼神接觸」等**，投影片相對來說所扮演的是輔助的角色，所以投影片的訊息更應該簡單明瞭才是。若是把視線從進行簡報的人身上移開，而去注意熟讀才能看得懂的投影片，只會讓簡報腳步停滯下來而已。所以說，投影片應該是要讓會場聽眾在瞬間一看就懂，簡單又明瞭的訊息。

一張投影片、一則訊息、一頁圖像

孫正義簡報的投影片非常簡單，因為他**只遵循「一張投影片內含一則訊息、一頁圖像」的製作原則**。另外一般簡報常會在每一張投影片加上標題，可是在孫正義的簡報裡卻不會有標題，或者說是已將標題和訊息融合在一起的情形很多，徹底實施「一張投影片、一則訊息」。

例如他在「軟體銀行新三十年願景」預測「生活型態」。一開始先敘述「無限大儲存空間、無限大雲端、超高速網路將會劇烈改變生活型態」。接下來的投影片則具體談論這些「所有事物和雲端融合」「高等教育、平等教育」「高等遠距醫療」「嶄新工作型態」等預測。**這些預測都分別在每一張投影片只用一行文字和一張圖像顯示。**

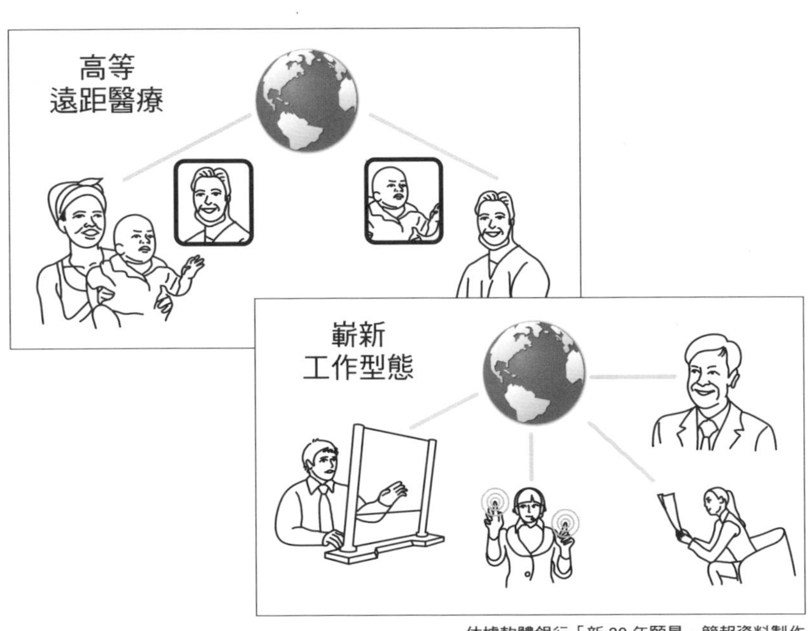

依據軟體銀行「新 30 年願景」簡報資料製作

以上就是孫正義所堅持每張投影片呈現「劇烈改變生活型態」的明確訊息，以及「一張投影片、一則訊息」的原則。

另外在**孫正義的簡報裡，圖像經常占過半數的投影片**。對此，孫正義是以人腦構造來說明。據說人類的右腦是掌管感性，左腦是掌管理性，而孫正義認為「比起理性要先刺激感性」。他認為優先重要的是要讓對方有「這簡報看起來很有趣」「想聽聽看這故事」的感覺。用自己本身的經驗去思考就可以知道，在偶爾去逛的店裡，店員若大力推銷我們沒有興趣的產品，是根本聽不進去的。這和他說的再怎麼有道理都沒關係，因為**人類本來就是要先被刺激感性，有了興趣後才會真正做好聆聽理性話語的準備**。

右腦不只負責感性，同時也負責處理圖片或照片等圖像訊息。也就是說處理圖像時右腦自然的就會受到刺激，感性也隨之被帶動。因此孫正義的簡報非常重視圖像，就是為了做好「帶動感性後開始聆聽簡報」的準備。

另外，讓訊息簡潔有力也很重要，最多整理在20個字左右，剩下的內容用口頭說明即可。字數一多會場裡的聽眾就會為了理解而去讀字，開始讀字就無法聆聽簡報人員的解說。一旦變成這種狀況這場簡報就也會失去了「驚奇」與「臨場感」，讓會場聽眾失去對簡報的注意力。

反而用口語化的方式說出沒有顯示在投影片上的文字，才會產生「驚奇」與「臨場感」，會場聽眾的注意力也才會提高。實際上孫正義做簡報時經常會注意會場聽眾理解或集中的程度，適時增加或減少一張投影片的說明。例如會場聽眾如果看起來不怎麼瞭解的時候，就會追加舉個例子等等，說得更深入一些；如果看起來覺得反應很淡，有時也會簡略跳過。這些事情之所以有辦法做到，就是從一開始製作投影片的時候就必須遵照，以進行簡報的人為「主」，投影片為「輔」為前提，並將投影片的資訊集中在「一張投影片、一則訊息」的製作原則之中。

孫正義簡報風格的訣竅

1 以進行簡報的人為「主」，投影片為「輔」。如果只靠投影片就能表達那就沒有必要進行簡報了。資訊內容過多的投影片只是讓會場聽眾疲累，並妨礙他們對進行簡報的集中。

2 簡報的原則是一張投影片包含「一則訊息、一頁圖像」，特別是要適當地放置讓觀眾容易產生具體印象的照片等視覺資訊。一般認為人類右腦是掌管圖像或感性，因此要用圖像刺激右腦，喚起會場聽眾對簡報的興趣。

3 投影片的「訊息」最長只能整理在20字以內，重要的是讓會場聽眾不用努力去讀。明確要表達的項目必須由進行簡報的人親口說出。

孫正義の簡報術

23種振奮人心的奇蹟簡報術

第 2 章

孫正義風格的簡報做法

白板會喚來「奇蹟」

「好，有頭緒了！明天早上前把它做成簡報！」

孫　正義

對孫正義來說，操作電腦易如反掌自然不用多提，他在美國唸大學時甚至還自己寫過程式。可是孫正義在擬簡報案時並不是自己操作電腦，也不是讓下屬操作電腦，而是用投影機放投影片來進行。**孫正義的簡報一開始的原案就是寫在社長室的白板上**。令人意外的是，孫正義的簡報不是從數位世界開始，而是先從類比世界做出來的。

孫正義的簡報可說是使用白板討論後的最終成果產物，特別是像合作提案等這種沒有一定形式的簡報，這種傾向就越強。討論會議通常需要花費龐大的時間，而孫正義的討論會議就是從下述的感覺開始進行的。

孫正義一開始要擬簡報案前，通常都是在社長室有了靈感後叫來經營策略負責人員開始討論的，有時則是拿出他在通勤途中想到所寫下的簡單關鍵字，看著這手寫的備忘錄開始提案。

接著孫正義會坐在白板前的椅子，宣布「要來做這次說明軟體銀行策略的簡報」「要來思考怎麼和美國○○公司合作」等等議題。不過在這個時間點還不會明確的決定是否要做簡報，只是簡單的討論過程。

當要開始擬簡報案時，孫正義會自己拿著筆開始在白板上寫東西，這時通常都是畫圖比較多。相反的，有時候則是孫正義口頭先說，再由負責人員寫在白板上。可是不管哪種方式，同樣都會徹底地活用白板。

簡報不可以一個人做！

接著孫正義會以經營策略負責人員為對象進行徹底討論。這個時候，經營策略負責人員在孫正義面前所擔任的角色，就是代替簡報的聽眾，想出當天聽眾可能會覺得有疑問的地方再向孫正義發問。經營策略負責人員大多都是具有一定社會歷練經驗，三十多歲的年輕員工。其中有顧問公司出身，也有工商管理碩士（MBA）。孫正義就是以這些年輕員工為對象進行討論。經營策略負責人員的工作就是以一般角度或反論向孫正義提出疑問。

例如可能會提出「孫社長現在想的，是不是可能在實務作業上會來不及？」之類等等的問題，孫正義對此有時會思考反論，有時會掌握論點；或者會先跳過，之後再另外討論等等。

這時經營策略負責人員的角色就像是棒球裡餵球投手的工作。所謂的餵球投手是指在比賽前的練習，投球給打者打的投手。比賽時投手的目標是投「讓對方打不到的球」，不過餵球投手的目標則是投「一定程度以上好打的球」，角色大大不同。

軟體銀行社長室裡經營策略負責人員的角色就像這餵球投手的工作。為了讓孫正義有更好的工作成果，持續投球就是他們的工作。說到經營策略負責人員可能會有許多人以為這是份光彩耀眼的工作，但實際上卻是居於幕僚的輔佐人員。當時軟體銀行公司裡比較毒舌的人常說「經營策略負責人員的工作就像是當網球運動裡面的網球牆，還真累」。

不過經營策略負責人員畢竟屬於通才，他們不是法律或財務，也不是IT技術的專家，因此只靠孫正義和經營策略負責人員討論，難免會有資訊不足的狀況。像這種情形，各部門的負責人員或專家就會陸續的被叫進社長室參加會議。像是財務策略的話就會叫財務部門的經理，國際稅務的話就會叫公認會計師，法律相關的話就會叫律師，美國子公司的策略就會叫該公司的CEO等。

叫這些人進來也是社長室一項重要的工作。當會議中孫正義說「叫○○進來」，經營策略負責人員就會馬上打開社長室隔壁的房間門說「請連絡○○先生」，然後隨即請祕書撥打電話。被叫到的員工如果在公司內就要趕快上樓到社長室參加會議；如果是在公司外面搭車接到手機，也是二話不說，直接就會轉接到社長室內的電話會議系統。

這孫社長的電話，是24小時都會打通全世界。不管是去國外出差中的員工或是美國子公司的CEO，跟時差也沒有關係，隨時都會被祕書的電話轉接參加會議。不過接到電話的人都知道要盡可能地對應這個重要的電話。因為他們都體驗過，也知道這電話是孫正義在社長室進行討論時，在那個時間點上是有確切的需要才會打進來。另外他們也知道，在這電話裡的回答同樣也關係著孫正義所要規劃的整體策略中，為了完成這巨大圖像所需要的一塊拼圖。因此軟體銀行不會允許參加孫正義的會議只會回答「我再跟下屬確認」或「我們會再討論」這種幹部的存在。因此，白板會陸續寫上從各種管道收集到的資訊。

有時候討論並不會有結論，像這種情形就會當場投票或進行簡單調查，特別是策略等級不到技術層面的事情就很容易運用這種管道來決定。例如會議中有了提案，將它們陸續寫到白板，接著再由與會人員針對這些提案投票或進行簡單調查。有時為了投票或進行簡單調查也會找來必要人選。譬如針對女性市場的商品，就會逐次叫來十位左右的女性員工，請她們投票。

像這樣**討論到最後，一定會將白板上的所有資訊全部列印出來**。有時討論會從早上九點開始一直到深夜十一點，像這種持續十小時以上的討論列印出來的白板資料會有好幾張。接著要製作投影片時再將這些資料收集起來，把這些需要用在單張投影片的內容用筆畫四角形圍起來。這些用四角形圍起來的部分就是簡報的材料。這些內容有時候只有字，但更多是圖。

經營策略負責人員一邊看著這些資料，一邊用電腦製作簡報，和孫正義討論結束時經常都已是深夜了，然後孫正義會說「好，有頭緒了。明天早上前把它做成簡報」，說完後回家，而經營策略負責人員就從這時開始徹夜的工作。

為什麼用白板？

為什麼孫正義在討論或製作簡報時要用白板？那是因為**白板適合一邊分享資訊一邊討論**。想想其他方法便可知道。例如寫在紙上的方法只有拿紙的人才能寫，沒辦法讓很多人一起寫在同一張紙上。如果只有幾個人，或許是可以邊看那張紙邊討論，不過人多的話就很難進行了。

同樣地，如果一開始就要用電腦製作簡報的話也是一樣。基本上操作電腦的只會有一個人，就算每一個參加人員都熟電腦操作，也要輪流操作，不管要換位子的是人或電腦都十分困難且浪費時間。另外在軟體銀行裡面，討論後若不在白板、紙張、或電腦上留下記錄更是無法想像。因為這樣一來，討論目的會變得不明確，討論內容也因無法累積而變得散漫，無法產生符合效率的成果。

孫正義的簡報想要做到是集結公司內外眾人所討論後智慧的輸出成果，而最適合製造此輸出成果的就是白板。用白板有幾個好處，首先是可以經常寫上最新的資訊。寫在紙上雖然可以用橡皮擦擦掉重寫，但是擦掉要花時間。用白板的話只要用板擦輕輕一抹就可以任易修改。白板還可以配合討論進度，將白板上的資訊隨時保持在最新狀態並不是件難事。

白板的正確使用方法

關於白板的寫法，孫正義嚴格要求社長室的經營策略負責人員「字寫更小一點」。通常白板上都會畫有三公分左右淡淡的垂直水平格線，他要求字大概就是這格線一格左右的大小。孫正義自己寫白板時也是寫小字，這是**為了要確保能在一面白板上寫上最大的資訊量。因此讓所有討論內容都可以一目瞭然，有助於提高討論品質的效果。**

可是當一面寫不下的時候就會用到白板的另一面。如果還不夠，就輪到白板旁邊可以將內容印出來的列印機上場了。因為孫正義有時開會會超過10個小時以上，即便用了白板兩面還是會有不夠寫的狀況。像這種情形會先用列印機將內容列印出來，再把白板擦掉開始討論。這時候如果工作人員不小心沒有列印就把白板擦掉，就會被孫正義罵「笨蛋，先列印！」這是因為只要是在會議過程中，寫在白板上的內容都具有重要的意義。除了可以在會議進行中隨時回顧討論的流程外，它還必須成為簡報的材料。

再來關於白板用的白板筆，孫正義也是嚴格要求擺放出水量正常的新筆。如果用「雖然沒什麼水但是還能寫」的筆去寫，有時候列印出來字就會太淡看不清楚，一般孫正義都會注意要用新筆寫所以還好，但如果其他人寫的字列印出來看不清楚的時候，經營策略負責人員可就累了。有時候會因為這樣造成在深夜看著列印出來的紙，像是在解讀古文一樣要從前後文脈去推測，或者從一部分的字來猜「應該是這個詞吧」等等情形。

有幾次寫在白板上的字已經看不清楚了，但經營策略負責人員或者其他幹部還是沒打算換白板筆的話，就會被孫正義指正「換筆，看不到」，然後將筆拿走，甚至就直接丟到垃圾桶捨棄不用。孫正義之所以對白板的使用方法這麼堅持是有原因的，因為好好利用白板可以提昇討論品質，並從討論成果擬出更好的簡報案，這是一個非常重要的因素。

孫正義簡報風格的訣竅

1 簡報案不可以一個人用電腦就開始做。要用白板，以及找到可以代替簡報聽眾的伙伴一起討論。另外如果需要，必須聽取專家的意見。

2 討論時盡可能用圖解進行，並且要將已經達成的協議寫上去，保持在最新狀態。為了盡可能提高白板的資訊密度，字寫小一點比較好。

3 白板最好要選用可以將上面的內容列印出來的功能（如電子白板），並將討論過程全部列印出來，這是為了防止討論變得散漫，並且在討論完後要做投影片時，可以將這些內容當作重要的原始資料。

每個人都懂的簡報才有意義！

「已經爛掉的蘋果請讓我退貨。」

孫　正義

二〇〇〇年八月的某個週末，孫正義參加了某個晨間談話節目並做了簡報。孫正義在這個簡報上畫有一張裝滿蘋果箱子的投影片，用誠摯的態度向觀眾訴求「**已經爛掉的蘋果請讓我退貨。這是合理的要求**」。這簡報是關於買下日本債券信用銀行（現青空銀行）的條件。

日本債券信用銀行因為泡沫經濟崩潰的結果，導致持有大量不良債權，在一九九八年十二月被收歸國有化。當時由軟體銀行、歐力士、東京海上火災保險（現東京海上日動火災保險）公司所組成的企業集團在二〇〇〇年六月三十日與日本債券信用銀行簽定股權轉讓契約，原本應該在同年八月一日就完成股權轉讓，可是這轉讓程序卻因故觸礁，延後了一個月。

事情會如此演變的原因之一，問題在於當時在社會引起極大爭議的大型百貨公司崇光百貨。二〇〇〇年崇光百貨在當時日本興業銀行（現瑞穗實業銀行）出身的水島廣雄主席主導下設立29家分店，但隨著泡沫經濟崩潰而陷入經營困難。因此崇光百貨向他們的主要往來銀行，也是最大債權人的日本興業銀行請求放棄債權。

可是日本長期信用銀行（當時崇光百貨的另一間往來銀行）在這裡變成了大問題。日本長期信用銀行在二〇〇〇年三月賣給美國瑞波伍（Ripplewood）控股公司，名稱也從六月開始改為新生銀行。新生銀行希望放棄債權的條件是讓他們能適用賣給瑞波伍控股時寫在契約裡的「瑕疵擔保條款」。

瑕疵擔保條款是被收歸國有化的銀行要被賣出時所加的特別條款。條款內容是「在轉讓三年內，如果當初正常債權的判定發生瑕疵，導致市場價值比帳面價值減少兩成以上，其債權可由存款保險機構買下」。這是為了不要讓債權審查花費太久時間，避免事態繼續惡化，才讓收買方原則上在不審查債權之下，能夠迅速進行作業所設置的條款。

瑕疵擔保條款的想法原型是美國一般處理金融機關破產時用的損失分擔（Loss Sharing）制度。損失分擔制度是指取得破產金融機關的資產後，在一定期間內該讓渡資產發生新的二次損失時，由國家負擔一部分的制度。這在美國是從以前就開始使用的一般方法。不過因為日本的金融再生法沒有導入損失分擔制度，因此處理像日本長期信用銀行或日本債券信用銀行的情形時，則代替引用民法的瑕疵擔保概念，來達到與損失分擔制度的同樣效果。

對新生銀行來說，比起答應放棄債權當然更希望適用瑕疵擔保條款。因為經營不善的消息傳出導致營業額低迷的結果，使得崇光集團各公司背負著近2兆日圓的債務，申請適用民事再生法。後來新生銀行對崇光的不良債權成為瑕疵擔保條款的適用對象後由存款保險機構買回，以結果來說變成國家負擔了損失。

針對這一連串效應，引發大眾媒體從各種角度進行探討。由民眾負擔的問題，連帶著日本長期信用銀行的轉讓方法也引起討論。「要把民眾繳的稅金交給外資基金？」、「包含瑕疵擔保條款的轉讓方法有問題。在接下來處理日本債券信用銀行時要更嚴格」等等，出現眾多聲音，甚至在國會也被拿來討論。

這個崇光問題也大大波及到軟體銀行、歐力士、東京海上火災保險公司的企業集團買下日本債券信用銀行。為什麼？因為這項收購行為和「崇光問題」一樣，「瑕疵擔保條款」成了巨大焦點。當時的狀況據孫正義說，是處在「如果行使瑕疵擔保條款可能會被說不是日本國民」或「為什麼國家要填補企業當事者的損失？」等種種不平之鳴的狀況下。如果契約上有寫入瑕疵擔保條款，但實際上卻難以執行的話，對要進行收購的企業集團來說無非是背負著相當大的風險。

為了避免瑕疵擔保條款無法實質上發揮功能，並非只要單純按照契約走就好了。就算在形式上的契約有明確記載，但如果執行的結果有可能受到輿論批判而形成社會問題，難免會因為擔心發生上述狀況而不敢實際執行。除了不希望受到這種「要民眾負擔企業當事者的損失很奇怪」「其他銀行損失都是自己負擔，這件事一樣也要自己負擔」的社會批判之外，更重要的是得到民眾以及政治人物的理解。

為了打破這個施加強烈壓力在軟體銀行上的狀況，這份簡報就被賦予擔任重要的角色，因此孫正義使用的訊息是「已經爛掉的蘋果請讓我退貨」。孫正義將被收歸國有化的銀行譬喻成蘋果，將進行處理的存款保險機構譬喻成水果店。他舉例說，這次轉讓的前提是不詳細審查日本債券信用銀行的債權，這就好像買蘋果時無法一個一個檢查而是整箱買下；而價值減少20％以上的債權就好像已經爛掉的蘋果。他明白地指出在通用的商業行為裡，客戶開箱如果有看到已經爛掉的蘋果絕對是會退貨。他不只用口頭如此說明，為了在節目上使用，他也製作畫有一箱蘋果的投影片。

孫正義在電視或雜誌上不斷重述這個例子，然後等待人們對例子裡轉讓制度和瑕疵擔保條款的正確認知形成，他將日本債券信用銀行轉讓作業延期。本來在二〇〇〇年六月三十日已經簽好股票買賣契約，預定在八月一日進行轉讓，後來之所以延期一個月便是因為這樣的理由。他在這一個月內傳達這些訊息，好讓民眾以及政治人物的影響而能對轉讓制度和瑕疵擔保條款有正確認識。

如果在這一個月內沒有散播正確認知就接受了日本債券信用銀行的轉讓，絕對會演變為重大問題。行使瑕疵擔保條款會成為被譴責的對象；不行使的話就會造成企業損失。或者選擇其他，就乾脆取消股票買賣契約也不是不可能，不過即便軟體銀行願意如此，還是會受到極大的譴責。進一步的說，到時說不定已經不是軟體銀行的問題，還會造成日本在不良債權問題處理上發展落後。

孫正義將非常難懂的法律金融制度用水果店和蘋果的例子讓每個人都能理解。由這張投影片和例子組成的簡報，可說是價值數百億、數千億日圓。

軟體銀行集團就像是？

孫正義說明軟體銀行集團該有的型態時，常會站在銀行系的投影片前解釋。孫正義從以前就一直提到軟體銀行集團應該「要像銀河系一樣」。

這是為了讓軟體銀行能成為一個「三百年持續成長」的集團，孫正義所想出的組織型態。這銀河系代表的意義是，以全體來說它保持力量旋轉的同時，在其中又有許多像太陽系一樣的行星系存在。而在這行星系中，有像太陽的恆星和像地球的行星；有像月球的衛星，也有小行星、彗星的存在。行星系本身、恆星、行星、衛星等每一個構成要素保持著一定秩序，規律的公轉或自轉。

孫正義目標朝向這種「像銀河系的集團」的理由是，他要發展和以往不一樣的企業集團型態。孫正義謝為在二十世紀的公司組織型態是在單一品牌下追求技術，利用大量生產、大量販賣，價格競爭的金字塔、中央集權管理支配型。因此出資比率當然要握有51％。

相對的，「像銀河系的集團」則是在多種品牌下針對多樣化和消費者的安心使用互相競爭，組織型態為網路型，集權、分權取得平衡的自律協調型態。因此出資比率一般來說只要20～40％，這就是孫正義所追求的組織型態。

這種像銀河系的組織強處就是不會得到大企業病。如果是由某個人控制，像二十世紀管理支配型態的組織，或多或少都無法避免得到大企業病。如果是「像銀河系的集團」，就可能避開大企業病，持續成長。

孫正義用每個人都容易瞭解的譬喻，適切的傳達想說的事物本質。關於瑕疵擔保用「水果店和蘋果」來說明，關於集團經營則用「銀河系」。這兩個事件的內容原本都是非常複雜。如果不用譬喻的方式說明清楚，恐怕要解釋的很多，而且說的再多也可能只有一部分的人能聽懂，或者根本就不會有人想聽這麼長的說明。

孫正義對員工也是要求一句話把事情講完。員工必須在開始的第一句話就要說清楚事情的本質。如果又臭又長，想把事情從「背景」、「誰的意見」、「公司的狀況」等從旁支開始說起，就會被孫正義喝道「從結論，先說結論」。接著不難想像，不是孫正義為了要開下個會議而離開辦公室，就是員工自己被趕出辦公室。

譬喻的作法

那麼要怎麼做才能像孫正義一樣使用適當的譬喻呢？首先要**抽出幾個自己想傳達的事物本質加以明確化**。可以把它寫在手邊的便條紙，或者是寫在白板上。例如以「瑕疵擔保條款」來說，瑕疵擔保條款本身具有的特性是「要買方在買時不一個一個來看」、「後來如果有問題，買方可以請求賣方買回去」。接著再更深一層考慮特性的背景，如此一來就可以強烈連結到「因為買方無法在買時一個一個看，所以後來如果有問題，理所當然買方可以請求賣方買回去」。

另外「像銀河系的集團」的特性則是「在大集合下包含有幾個小集合」「每個集合都含有不一樣的構成要素」「整個全體遵從一定秩序有規律，同時構成要素本身也有自律的行動」等等。

像這樣如果事物本質清楚了，接下來就把它換成能貼近聽眾身旁的元素，愈是身邊的東西愈好。這裡重要的不只是表現事物的本質，也必需要注意表現出本質之間的關連性。舉剛才的例子來說，瑕疵擔保條款就是「在水果店不一個一個確認箱子裡面的蘋果，所以買了有問題以後可以要求退貨」。這是誰都能瞭解的合理說明。

在公有管理銀行轉讓問題下討論瑕疵擔保條款時非常難懂。不要說一般人，就連政治人物或媒體也會混亂，可是如果用水果店和蘋果的譬喻就能明確瞭解。本質就算不變，但是**用接近生活化的譬喻說明，不論是誰都能理所當然的接受特性本質的因果關係**。「像銀河系的集團」也是一樣，不只有強調單個特性本質，也能同時針對多個本質進行解釋，達成整體概念。

將譬喻具像化！

像這樣**將想傳達的事物運用譬喻的手法抽出後，再把它具像化作成圖片來表達**。如此一來譬喻的印象就會更加深刻。

孫正義在「像銀河系的集團」簡報裡用了一張整個銀行系在旋轉的圖片。有了這張圖片可以將集團印象更傳神的傳達給股東或員工。

另外在「瑕疵擔保條款」的情況下，孫正義為了在節目上說明，他運用簡報的軟體畫了一張裝有蘋果箱子的圖，並且還加上動畫功能，只要點到這張圖上就會自動打開箱子看到裡面有爛掉的蘋果。而看了這張圖的人應該也會得到一種虛擬體驗，好像真的打開箱子看到了裡面的東西，相信在電視機前面的觀眾必定也能感同身受，並且合理的認為可以退回爛蘋果。

孫正義簡報風格的訣竅

1 要抓住複雜事物的本質。關於事物本質要再深一層考慮，不只有事物本質，同時也要抓住本質之間的關連性。

2 利用能反映本質的譬喻手法，盡可能簡單的表達說明。譬喻要盡量使用每個人都知道的生活化事物。

3 將譬喻用具體的視覺方式表達，這可讓聽眾對譬喻的內容與印象更加強烈。

「把鯉魚抱過來」的簡報？

「你聽過捕鯉阿政嗎？」

孫　正義

前面已經述說了軟體銀行面對競爭不斷進步的原因主要是因為孫正義的簡報力量，但話說回來，軟體銀行之所以會創立也是因為孫正義的簡報力量才能促成。首先在美國，孫正義為了實現與製作自己下功夫想出來的「發音電子翻譯機」，讓加州大學柏克萊分校的教授答應等成功時再收取報酬，就是用了簡報交涉。

另外，軟體銀行為了能以軟體批發商的角色進行商業活動，最重要的就是抓住商品流通上下游最大的公司。因此孫正義以上新電機的合作為契機，和當時最大的電腦軟體公司哈德森（Hudson）簽定獨占契約。之後孫正義陸續和美國開發電腦作業系統的微軟、生產iPhone的蘋果、澳洲的新聞集團（News Corporation）等成為商業伙伴。另外在國內也是陸續和從創新產業到大企業等的各種公司進行合作。這些為數眾多的合作關係之所以能談論成功，都是因為運用簡報交涉。

回顧軟體銀行的歷史，要說孫正義是交涉的天才無庸置疑，有時甚至被人用半嫉妒語氣叫做「騙徒」、「巧言令色的人」。如果以現在軟體銀行的狀況為前提，去看他陸續和新產業的成功合作，或許會認為這是因為「軟體銀行的資金夠力」、「軟體銀行有品牌號召力」、「一定花了很多錢應酬」等等，不過這都是大錯特錯的。反而應該要觀察**軟體銀行之所以在「沒錢」、「沒品牌」、「不應酬」的歷史背景下可以走向成功，完全就是靠著孫正義徹底發揮簡報的力量**。

孫正義在面對劣勢有所覺悟，並勇於進行挑戰，在交涉過程中並非使用什麼魔術。特別是軟體銀行在一九八〇年代的創業初期，不但沒有大企業的品牌號召力、資金，也沒有人才和氣派的辦公室，真的是什麼都沒有！另一方面，孫正義本身患有肝病幾乎完全不能喝酒，也沒辦法和對方應酬。

在種種不利的狀況下，孫正義一路下來能和多家新產業成功合作，靠得就是簡報本身的威力。孫正義要進行交涉時一定會攜帶投影片，因此所擬出的簡報案和思考交涉的策略就必須表裡一致。孫正義在開始準備擬簡報案前，就會思考如何進行交涉，並想出大略的合作方向。例如像「在日本成立合資企業」、「製作世界通用的新手機平台」。若要深入檢討合作的詳細內容，或者各個公司要提供什麼資源，則在擬簡報案時進行。

究竟擬簡報案時最重要的是什麼？那就是能讓對方高層聽了簡報後，**打從心裡自然的認為「自己的公司應該要和軟體銀行合作」**。這裡重要的是，讓聽了簡報的人「自然」認為，而不是勉強去說服。對擁有長久歷史、眾多員工、經驗豐富的大企業經營高層來說，勉強說服、無理推銷的手法毫無意義。

有句話相當能夠表示在做這種交涉簡報時孫正義的立場，那就是「**向『捕鯉阿政』學交涉**」。「捕鯉阿政」是一個人的綽號，在九州方言裡的意思是「抓鯉魚的政先生」。這個人的本名叫上村政雄，是真實存在的人物。他在九州的筑後川用自己獨特的捕鯉魚方式「抱鯉法」，也就是用雙手去抓鯉魚。在火野葦平的小說和開高健的散文裡都有提到過他，也算是地方知名的傳奇人物。雖然他在平成十一年（西元一九九九年）已經去世，不過現在則是由第三代的孫子繼承他的技法，在福岡縣久留米市經營提供鯉魚鰻魚等淡水魚料理的餐廳「鯉魚巢本店」。

「捕鯉阿政」的捕魚法是阿政自己想出的獨特手法。在十二月極為寒冷的筑後川要捕鯉魚時，前一天先吃富有脂肪能增加體力的料理調好身體狀況。接著隔天在河邊升火，一邊休息一邊讓火烘熱身體，等到身體幾乎熱到要冒煙時就潛入筑後川。在筑後川河底的低窪處有鯉魚的巢穴，阿政只要靜靜的躺在鯉魚巢旁邊，一旦鯉魚在冰冷的河底感覺到阿政溫暖的身體就會自然接近，阿政再溫柔小心的抱著鯉魚從河底游上來，把鯉魚放到船上。據說還曾經兩手各抱一條，嘴巴再含一條，一次帶三隻鯉魚上來，也曾經一天抓過一百條鯉魚。全國各地為了看這個情景人潮蜂擁而來，也曾經一下聚集百位觀眾來圍觀。

不要想說服交涉對象

這就是孫正義向軟體銀行員工提倡的交涉技巧，**交涉時要自然的讓交涉的對象希望和軟體銀行合作**。做好交涉準備，讓對方自己跳入我們懷裡，不勉強說服交涉對象。不要以自己公司利益為出發點考慮，相對的站在對方立場去著想，然後等到簡報結束時，交涉對象便已經自然而然的想要和軟體銀行合作。

這交涉的立場當然也會反映在簡報的投影片上。投影片前半部分通常都是介紹自己公司以及如何解釋軟體銀行現在的狀況，必須從一開始就要讓對方認為和軟體銀行合作是理所當然。因此，在**這裡最重要的就是要怎麼去定義自己公司的事業領域**。依定義結果不同，給對方的印象也會完全不同，甚至可以說簡報的成敗在這裡就已經決定了一半。

原本公司在定義事業領域和經營策略上就應該很明確了，可是就在製作簡報內容的同時再次思慮公司定義，其實是個非常好的機會。因為有實體的交涉對象在，必須再次定義將來可能會更加發展的事業領域，同時也必須考慮到成功合作的條件。再者，和合作對象攜手會擦出什麼火花，為了成功有必要互相做哪些貢獻等等都會變得相當明確。換句話說，就是要將自己公司和合作對象的公司合為一體，重新思考新的經營策略。

時至今日，孫正義在說明軟體銀行集團的時候，不會說是「日本國內通訊業第三名」，而會以「亞洲網路第一名」來做介紹。但這也是事實，集團旗下除了有在日本國內占壓倒性地位的Yahoo! JAPAN之外，在中國也擁有B to B電子商務的「阿里巴巴.com」，及其旗下B to C電子交易的「淘寶」。

阿里巴巴.com在中國的B to B電子商務市場有50%以上的市占率，淘寶市集在中國的C to C電子交易市場有90%以上的市占率，淘寶購物在中國的B to C電子交易有40%以上的市占率，因此阿里巴巴.com在中國網路可說占有第一名的位置。也就是說軟體銀行集團在日本和中國的網路領域都占有壓倒性的位置。

在二〇〇七年底應該也有向蘋果的史帝夫賈伯斯做這樣的簡報內容。當時在NTT docomo和軟體銀行之間為了誰能販售iPhone有了激烈的競爭。或許在交涉時還有提到其他條件，不過從結果看來，並不是「日本國內通訊業第一名」的NTT docomo，而是「亞洲網路第一名」的軟體銀行雀屏中選。

孫正義能成為Yahoo!最大股東的原因

投資美國入口網站公司Yahoo!，則是孫正義另一個用簡報交涉成功的例子。投資Yahoo!這件事對軟體銀行來說具有重大意義，因為這件投資案使得軟體銀行在網路領域跨了一大步。軟體銀行在一九九六年四月對公開募股前的Yahoo!投資一百億日圓以上，包含之前投資部分共取得約37%的已發行股票。出資比例占已發行股票約37%這件事具有重大含意，因為只要持有發行股票總數的三分之一，就能對該企業的決策有重大影響。

進行此投資時Yahoo!的企業價值為三百億日圓以上。當時Yahoo!雖然是世界上90個國家有瀏覽紀錄的強力入口網站，不過一天的瀏覽用戶數大約只有一千五百萬人，和現在相比之下用戶數少了兩位數。當時的網路普及率還很低，在日本甚至還有聲音說「網路與電子郵件因為無法融入日本文化所以不會普及」。據孫正義說，當時Yahoo!的員工也只有5、6人而已。

這項投資在美國也是空前。其實軟體銀行在向Yahoo!進行這大規模投資的僅僅五個月前，就在一九九五年十一月也有進行投資。當時是和美國有力的創業投資公司紅杉資本等五家公司共同取得已發行股票總數約12%。其中軟體銀行的出資部分則是由軟體銀行的美國當地法人軟銀控股公司和集團旗下的出版公司Ziff Davis共同投資二百萬美元（約二・三億日圓，當時一美元兌換一百一十五日圓），取得約5%股權。也就是說當時Yahoo!的企業價值約為四十六億日圓，而各公司的投資規模也都是以一億日圓為起跳單位。

第一次投資時Yahoo!的企業價值約為四十六億日圓，第二次投資時的企業價值約為三百億日圓以上，也就是說僅僅五個月評價高了6倍以上。另外，拿軟體銀行的投資金額一百億日圓和美國企業、或其他創業投資公司約一億日圓左右的投資金額相比，數字可說是差了好幾位數。Yahoo!就利用這筆從軟體銀行調度到的一百億日圓資金，得以搶先其他公司積極投資人材和伺服器等，一口氣登上通往成功的階梯。

除了資金面外，孫正義同時也在簡報上提到Ziff Davis的強力支援。因為運用平面媒體支援的策略在日本已經是一種成功型態。在日本，軟體銀行為了支援軟體流通業務，利用出版部門出版了一系列針對NEC電腦的「Oh! PC」、針對富士通電腦的「Oh! FM」、針對夏普的「Oh! mz」等多數雜誌，這使得軟體得以被強力推銷到市場。孫正義一定也向Yahoo!的楊致遠等經營人員提出了相同的作法，事實上幾乎同時間Ziff Davis就創辦雜誌「Yahoo! Internet Life」。

再者他們也達成協議，在日本開始經營合資企業Yahoo! Japan。一直以來，美國企業要進軍日本除了語言上的問題，還會因為一些獨特的業界習慣等等造成困難。不過在這方面有軟體銀行以伙伴身分加入後自然非常有利。合資企業之所以會經營困難，原因是因為雙方利益往往是相反的。

例如要使用總公司品牌，卻在外國地區的宣傳手法和總公司相左時，雙方在如何拓展當地業務的認知上就會產生差異。但如果當地企業的經營者是總公司的最大股東，就能期待當地的合資企業發揮真正的伙伴角色，可以平衡考慮自己公司和本國的雙方利益，軟體銀行和Yahoo!的關係就是這樣。而且Ziff Davis不只在美國，在英國、法國、德國也有業務。孫正義就是利用這些關係，支援了Yahoo!的全球業務，而這些對於全球業務的擴展，勢必也一併包含在投資的提案內。

Yahoo!的經營人員聽到這種內容的簡報後，理當會欣然地接受孫正義的提案。因為投資時對自己企業的評價非常高，同時用出版品做市場支援，甚至還能支援推廣業務到全世界，這樣若還不接受反而奇怪。**像這樣和其他公司比較，提出壓倒性**

的好條件，理所當然讓對方聽了簡報自然就會接受。這就是孫正義提倡的「捕鯉阿政」式的簡報術。

那麼對軟體銀行來說，提出這些投資條件會不會反而是筆損失？這倒也不盡然。不用多說，後來美國Yahoo!成長為網路業界之雄，另一方面日本的Yahoo!現在則是軟體銀行集團的中心事業之一，因此，軟體銀行利用美日的股票可以調度巨額資金。對軟體銀行來說，長期看來這一百億日圓的投資反而是撿到便宜。雖說Ziff Davis用出版品做市場支援，但只要出版品本身能獨立成為一門事業，它不但不會成為一筆費用負擔，而且還能從Yahoo!優先得到各種情報，反而還有獲得利益的一面。

其實孫正義當初決定投資Yahoo!時，據說軟體銀行的董事會每個人都反對。因為以短期來看，Yahoo!的企業評價的確過高了，如果單就這點來說，反對確實合理。可是孫正義確信，Yahoo!是有機會成為企業理念裡「分享智慧知識」平台的可能性。因為他有這份確信，才能跨過自己公司短期的利害得失，並用長期觀點思考和 Yahoo! 進行合作。

擬訂簡報案時不要用短期觀點，而是依據企業理念或願景，保有長期觀點是相當重要的。對於公司的利益考量也務必要用長期觀點下去思考，如果能用這種想法進行簡報，就能做出超越其他公司的簡報案。

孫正義簡報風格的訣竅

1 在說明自己公司時，如何定義自己公司的事業領域相當重要。就算是相同性質的事業，也可以透過適當地定義公司的事業領域，針對自己公司在業界的位置或未來的發展，做出更強而有力的簡報。

2 擬定合作的簡報案時，必須要考慮到對方需求或個別狀況，並提出能壓倒其他公司的好條件。原則就像「捕鯉阿政」一樣，讓鯉魚自然游來身邊，讓交涉對象自然會想要接受的提案。

3 擬定合作的簡報案時不要用短期利益的觀點，要用符合公司願景的長期觀點來思考。為了透過合作發揮最大效果，積極投資的觀點思考也是非常重要的。

將風險化為機會！

「提案新車比較難做有什麼意義！」

孫　正義

孫正義要做合作案的簡報時，會徹底地站在聽取簡報方的立場思考。在此決定提案的內容時，最重要的是關於風險的看法。經營事業會有回報當然也會有風險，要評估風險相當困難，因為事業的未來本身就是具有不確定性的。

一般在做事業計畫時會提出三種方案：「樂觀方案」、「中立方案」、「悲觀方案」，不過這樣的事業計畫在合作案的簡報上，其實是沒有意義的，因為在製作商業簡報時原則上只能提出一個案子。確切來說，因為不曉得它發生的機率會有多少，所以才叫做不確定性。

做簡報案時不能因為害怕這種不確定的風險而退縮。反而製作這種合作案的簡報，想要將風險化為機會的態度相當重要。軟體銀行在合資企業裡的存在意義，就是能管理外國公司無法控管的風險。

有個活用孫正義這種對風險思考的例子，就是東京證券交易所的高成長與新興股票市場的上市股票「Carview」，要成立這個汽車行業時公司集團所製作的簡報。Carview 在剛成立時公司名稱是「CarPoint」，這家公司是一九九九年夏天孫正義自己親自向比爾蓋茲作簡報所贏來的合作機會，在一九九九年十月和美國微軟一起設立合資企業，開始汽車相關的網路服務。

不管當時或現在，要與微軟成立合資企業的機會是微乎其微。因為在美國股東力量強大，他們認為「本來股東該享受的企業價值會流到合資企業那邊去」。也就是說 Carview 這家公司正是因為孫正義的簡報能力才會成立，這也是個非常特別的例子。

微軟當時在美國是以 CarPoint 的服務名稱在經營購車仲介業，規模急速擴大。

當時CarPoint每個月擁有三百萬人以上的用戶，並和二千五百家以上的汽車經銷商合作，每個月透過CarPoint的交易金額超過四．五億美元。

想買車的人會先在這個服務網路上登錄想買的車種。接著在消費者附近幾家有銷售此車種的汽車經銷商就會收到有人想買車的傳真（當時就連美國的汽車經銷商網路都還沒普及）。汽車經銷商接到訊息後就會用電子郵件向消費者報價，最後消費者再向報價最便宜的汽車經銷商買車，類似這樣的事業型態。

當時筆者擔任社長室的經營策略負責人員，有天被孫正義叫到辦公室說「**我預定要和比爾蓋茲見面，快點做份在日本成立CarPoint合資企業的提案簡報**」，隨即就開始簡報的製作工作。於是我調查了CarPoint在美國的事業型態，並試著套用到日本後，發現了幾個問題點。

首先最大的風險是在日本如果要經營這項事業，銷售新車要和美國用同樣的事業型態經營是有難度。在日本並不會有同一地區的汽車經銷商要互相競爭同一款新車價格的狀況發生。日本和美國不一樣，汽車製造商在每個地區只會安排一家經銷商，經銷商也不會超過自己被安排的地區去銷售。也就是說如果有人想要買某家廠商製造的汽車，就等於已經自動決定會在哪家經銷商購買。這就等於要像美國 CarPoint 一樣以價格競爭為中心的銷售方式有其難度。

於是筆者就在白板前向孫正義說明「套用美國的事業型態來經營恐怕會有困難」，他回答「**那就說明日本汽車製造商旗下都有經銷商，強調因為這樣所以將目標訂在與日本的各製造商合作！這才是軟體銀行的價值所在**」。因此筆者製作了一個標誌，將日本各汽車製造商名稱和表示終端用戶的人型結合到 CarPoint 的標誌中間。

筆者又另外提案「新車銷售就要看和汽車製造商交涉的結果，同一車款也很難產生價格競爭，不妨考慮以中古車買賣為主如何？」可是孫正義卻喝道「**新車比較難做的提案有什麼意義！中古車以後再說！**」孫正義之所以會這樣說是因為，如果這麼提案事業型態就會變成和微軟原本的經營型態完全不同。另一個判斷是，軟體銀行的角色就是實現和各汽車製造商的合作，而這點由微軟來做實現困難，但是如果軟體銀行來做，實現的可能性就會提高。對孫正義來說，合作事業的風險就是機會。

接著在投影片上又追加了下列軟體銀行的強項：當時已經成長為日本最大規模入口網站 Yahoo! JAPAN 的招客能力，Yahoo! JAPAN 及 E Trade（現 SBI 證券）等各種網路事業經營技巧，再加上本業軟體流通的經驗。

拿著製作好的簡報案，孫正義前往美國和比爾蓋茲開會，後來在一九九九年三月二十四日雙方同意，共同發表將由微軟、軟體銀行商業公司、Yahoo! JAPAN 等三家公司合資成立 CarPoint，並在同年十一月十一日開始服務。服務開始前和日產汽車實現了整體合作，並實現與三菱汽車工業、富士重工業、日本 BMW、日本福特、雪鐵龍、新西武汽車銷售、馬自達等 800 家銷售公司的加盟。

CarPoint 開始提供新車銷售服務後，接著在二〇〇〇年四月開始中古車銷售服務，二〇〇〇年五月開始中古車認證服務，二〇〇一年五月開始汽車綜合保險報價服務，逐步擴大服務內容。現在則有經營社群網站「大家的 Car Life」，讓營業額提高許多。另外在同年將服務名稱「CarPoint」改為「CarView」，股票並於二〇〇七年六月在東京證券交易所的高成長與新興股票市場上市。直至二〇一一年三月期CarView的總營業額為四十九億日圓、本期淨利為二・六億日圓，已經成長為具有一定規模的事業。不過走到這裡的過程絕非是條平坦的道路，十二年時間本身就是事業型態的開發歷史，如何取得整合更是需要不斷重覆地進行嘗試。

不要因為害怕風險讓簡報退縮了！

現在回過頭來看CarPoint（現在名稱為CarView）的沿革，可以知道並非一切都能照當時計畫進行，儘管當初也在某種程度上預料到會是如此，**而這其中的重點是簡報要用什麼視點來看風險因子**。CarPoint最大的風險因子就是「在日本汽車經銷商是在製造商旗下分區控制」。如果在簡報上把這個情形就像筆者講的「直接套用美國CarPoint的事業型態經營會有困難」說出來，那麼不用說也知道這會是一份失敗的簡報。理所當然，簡報的訊息必須是「CarPoint這個事業成功的可能性也很高，在日本請一定要和我們合作」。如果是「雖然不知道在日本CarPoint的事業型態會不會成功，不過我們很想試試看」，那就談都不用談了。

相反的，孫正義把「在日本汽車經銷商是在製造商旗下分區控制」這點，拿來當做微軟一定要和軟體銀行成立合資企業的理由。這點雖然需要一點簡報技巧，但同時也符合當時軟體銀行事業型態的本質，因為軟體銀行的策略就是「填滿美國和日本的差異」，而其中差異最大的部分就是流通管道。美國企業雖然擁有軟體或機器等事業材料，但最大問題就是沒有將這些材料投入日本市場的管道。

在思科系統日本法人的發展背後有孫正義在——

生產網路機器的思科系統日本法人也是因為如此而成立的。思科系統日本法人本來是在一九九二年以美國思科系統子公司的身分成立。當時的日本對網際網路還處在一個完全陌生的階段。據當時該公司的松本孝利社長說，雖然市占率有40％，在路由器市場還是第一名，不過有第二名的 Wellfleet 在後直追，3Com 和日本本土公司也是猛追著。到了一九九三年底員工人數共16位，公司據說從未接到過主動應徵的履歷，甚至當時還常被誤以為是「做餅乾的公司」。

當時向思科系統日本法人提案，由國內主要 IT 企業出資使其改為合資企業的就是孫正義。據說孫正義和松本社長在5分鐘內就達成改為合資企業的協議，然而當時思科系統日本法人的幹部全部反對，後來還是由松本社長一一說服。能夠說服社長的原因就在於，孫正義的簡報完全就是針對解決思科系統日本法人的課題。只要合資企業成功，思科系統日本法人就能成為市場品牌的領導者。

松本社長隨後拜訪思科系統總公司，據說說明完這件事時總公司的反應是「時候尚早」。為此不只是松本社長，就連孫正義自己都前往美國進行簡報，後來也成功的說服了當時的副總裁約翰錢伯斯（現為 CEO）。後來松本孝利、孫正義、約翰錢伯斯三個人從一九九四年三月開始向日立製作所、富士通、CSK、沖電器工業、

NEC等主要IT企業進行簡報，最後在同年七月和13家公司達成協議。在花了約5個月時間進行遊說後，終於公布了這項合資企業化的決定。

這結果不只是讓日本國內對思科系統的認識程度飛躍提昇，也成為網際網路被廣泛認識的契機。有了日本13家主要IT企業的認證，使得思科系統的機器在日本國內成為一般標準。營業額也從一百億日圓急速成長為四百七十億日圓，日本國內市占率從40％變成60％。

第一個為思科系統合資企業化發聲的結果，讓孫正義成為思科系統日本法人的董事；也讓軟體銀行得以和思科系統在事業上構築強力的合作關係，並持續到現在。至今軟體銀行仍是思科系統產品的主要銷售管道之一，在福岡巨蛋裡也有導入思科系統的觸控螢幕式觀戰系統，可以顯示球員資訊或重播畫面。

軟體銀行和思科系統合作後，當然達成了自己公司的利益。可是在孫正義的簡報裡並非將軟體銀行的利益擺在第一，而是以解決思科系統在日本陷入的各種困境擺

在第一，因此參與投資的不只有軟體銀行，而是從日本13家主要IT企業身上募得資金。甚至當時為了說服各家公司能夠投資，孫正義自己也親自同行進行簡報。

思科系統的狀況就和CarPoint是一樣情形。在美國成功的事業型態並不一定會在日本成功，其中很有可能是因為日本固有的業界習慣等等風險因子阻礙成功的因素。**但是這些因素對孫正義來說並不是風險，反而是機會**。孫正義會在簡報中明確地提出軟體銀行就是負責承擔解決這些風險因子或阻礙因素的角色，因此往往讓對方在聽取簡報後，甚至更改自己公司原來的方針，選擇與軟體銀行合作或共同參與合資企業的道路。

孫正義簡報風格的訣竅

1 事業的未來具有不確定性，所謂的不確定性就是不曉得事物將來會發生的機率有多少。簡報對此不確定性應該要果敢切入，將風險化為機會。

2 如果進行簡報的目的是為了合作，對於該事業的未知數或風險因子反而更該積極定位。如果對方已經萬能沒有煩惱，就沒有必要選擇共同經營事業，因此要與對方強調自己公司是具有解決這些未知數與承擔風險的能力，不要因為害怕風險而讓簡報退縮了。

3 合作案的簡報不能只考慮到自己公司的利益，也要將進行簡報對象的利益擺在第一，讓雙方都能滿意。

第3章

大幅提昇簡報效果的10個方法

穿著也是簡報的一部分！

「我今天穿優衣庫的polo杉來」

孫　正義

孫正義對穿著並沒有特別興趣，或者應該說是一點也不在意。有時候早上來公司會不小心忘記繫領帶，到了後來要參加重要會議的時候才慌慌張張在車內借用社長室經營策略負責人員的領帶出席。

可是如果是對外借場地要進行大規模簡報的時候就不一樣了，**孫正義會配合簡報目的，深思熟慮要如何穿著**，近幾年來這種情況越是明顯。大致上來說，如果是向終端用戶發表產品、服務的簡報，就不繫領帶穿得比較休閒。相對的，如果是股東大會等和公司業績有關的簡報就會穿西裝。另外發表新事業的簡報，如果重點是擺在說明事業策略性質的時候也多半是穿著西裝。

例如在公布二〇〇一年六月開始服務的 Yahoo! BB 寬頻業務簡報，這業務的賣點就是低價而**當時孫正義穿的正是優衣庫休閒風的粉紅色短袖襯衫**。

當時除了軟體銀行以外，早先開始實施這項業務的寬頻業者們，他們價格通常都是定在每月金額六千日圓左右，裝機費二萬日圓以上；而 Yahoo! BB 的 ADSL 業務卻是以 ADSL 費用、ISP 費用、數據機租金合計每月只要2467日圓，裝機費更是以免費的服務價格為訴求。相較之下，這價格對其他業者來說很是具有衝擊性。不只有在價格面，Yahoo! BB ADSL 的傳輸速率是 8Mbps，和其他公司的 1.5Mbps 來比較就可以知道，超高速率更是賣點之一。

孫正義以「**價格實惠高品質**」為新服務的特徵，並穿著剛好符合形象的優衣庫襯衫出席在新服務的發表會上，甚至還特地和記者說「**我今天穿優衣庫的 polo 杉來**」。其實記者會的目的就是要吸引顧客，而他所要傳達的產品「訊息」正是「**Yahoo! BB 是價格實惠高品質的服務**」。**孫正義就像這樣，會依目的和「訊息」去思考適合的穿著**。

以最近的例子來說，二〇一〇年五月和蘋果合作發售iPad的時候，他則是穿著黑色polo衫現身。這是一件特製的黑色polo衫，在胸前有軟體銀行的標誌，同時袖子則有iPad的標誌。這穿著可說是表現出iPad結合了軟體銀行和蘋果雙重品牌的產品特性。這時候孫正義手拿iPad高興微笑的照片，通過媒體在社會上廣泛流傳。

他偶爾也會像史帝夫賈伯斯一樣，穿著黑色套頭衫和西裝外套的時候。大家都知道蘋果的前CEO（執行長）史帝夫賈伯斯進行簡報的時候，總是固定穿著黑色套頭衫和藍色牛仔褲。孫正義也在二〇〇七年一月軟銀通訊的新產品發表會上，穿上黑色套頭衫、西裝外套，配上黑色長褲全身黑的裝扮。那段時間正是他為了讓軟體銀行能販售iPhone，和賈伯斯剛見完面的時期，或許也將當時的熱情表現在他的服裝上。

另外在某些特殊的場合中，他也曾戴過布偶頭套。那是在二〇一〇年十二月宣布

Zynga Japan將開始獨家提供mixi經營農場的社群遊戲「農場鄉村」的發表會上。

孫正義應該是日本電信業史上第一個戴上布偶頭套的社長。配合當時發表的社群遊戲「農場鄉村」是以經營農場為背景，孫正義戴上白蘿蔔，Zynga Japan的CEO（當時）Robert Goldberg戴上茄子，mixi的笠原健治社長則是戴上了紅蘿蔔的布偶頭套。雖然不知道是哪家公司的提案讓各社長戴上布偶頭套，不過除了孫正義之外，另外兩個人的表情似乎看來都不怎麼高興，反倒是照片裡立起大姆指比讚的孫正義看起來笑得很開心，讓人印象頗為深刻，或許正是對這事業的幹勁才讓他如此表現。結果這張拍著各公司社長的照片立刻登上IT相關產業的新聞，對宣傳活動有了極大貢獻。

另一方面在股東大會或財報說明會上，孫正義雖然不繫領帶但還是穿著正式。在二〇一一年六月股東大會上他穿的就是不繫領帶，奶油色的西裝外套配上白色襯衫。有時他也會在西裝外套胸前的口袋放上口袋巾，即便只是穿西裝不繫領帶的裝扮，他也會特別注意利用明亮顏色的西裝外套和襯衫的組合，帶給人一種正式而不拘謹的印象。

經營者要注意自己的外表！

其實孫正義在進行簡報的場合上，開始這種不繫領帶的裝扮是這近十年的事。以前都是穿著有名的銀座英國屋訂製西服。這是因為當時的網路事業雖然已經在社會上逐漸普及，不過如果提到IT相關企業，一般人的印象還是停留在「不知道在做什麼，業績不穩定的企業」。當然現在的軟體銀行已經成為無人不曉的電信通訊大企業，但在十年前除了生意上有接觸的人之外，應該很多人都不知道軟體銀行這家公司，認識的機會也少。在這種階段時期，社長在人前的穿著如果不夠正式的話就無法獲得信賴。日本的企業家松下幸之助就曾經說過經營者也要注重外表才行。

換句話說，只要像現在的軟體銀行一樣得到社會的一定認知，業績也穩定的話，即使不繫領帶也是無妨。反而還能呈現一種正面訊息：就算已經成為大企業，還是身段柔軟，沒有失去創業時自由開放的精神。社長身為公司代表，穿著就必須配合公司現狀加以改變才行。

就連經營之神也勤於照顧頭髮

就連被稱為經營之神的Panasonic創辦人松下幸之助，也曾說過經營者對外表必須特別注意。據說松下幸之助自己是每隔十天或兩個星期就會理一次頭髮，這對身為生活繁忙的社長來說，要勤於找時間去理髮的確不容易。

據說松下幸之助會這麼常去理髮有一個緣故。當他在銀座的理髮店理髮時，理髮師曾對他這麼說過：「松下先生的公司在銀座四丁目有座氣派的廣告霓虹燈塔。不過若真要比較的話，松下先生的頭髮要比那座廣告塔更具有重要的看板價值。所以為了不讓顧客看了您的頭髮後就不想買貴公司的產品，請務必要經常照顧它才行⋯⋯」據說松下幸之助聽了這句話後，就經常注意頭髮的照顧保養。

孫正義雖然不像松下幸之助那麼注意照顧頭髮（正確來說應該是沒有必要了），不過卻**非常注重牙齒的保養**。這可能和孫正義去過美國留學有關係。在日本有句話說「看鞋子可以看出一個人的性格」。在美國，和這句話有相同含意則是同樣注重外表的「牙齒保健」。生意人如果牙齒排列整齊又潔白，會給對方帶來工作能幹的印象，因此歷任美國總統的牙齒都是既潔白又整齊。例如大家可以看看約翰甘迺迪前總統或巴拉克歐巴馬總統。

在這種背景環境下，美國人不但對牙齒美白相當重視，甚至從小就會做齒列矯正。孫正義對於牙齒也和松下幸之助注重頭髮一樣，就算行程非常的繁忙也會定期進行檢查，只要牙齒一有問題馬上就會跑去看牙醫。這點對於經常需要和外國企業CEO交涉的孫正義來說，更是格外重要。

經營者既然是公司的代表當然需要隔外注意外表，何況要在眾人面前進行簡報就更應如此。畢竟簡報的主角還是在於人，並不是只要投影片有做好就好。要銘記在心，**穿著也是簡報的一部分**。

孫正義簡報風格的訣竅

1 進行簡報時的穿著最好要和簡報的「訊息」有強烈的關連，因為穿著也是簡報的一部分。

2 穿著必須和公司狀況密切配合。在創業初期，社會對公司的認識或信賴程度較低時，反而要穿高級西裝加領帶。

3 當社會對公司的認識或信賴程度提高後，就可以嘗試比較休閒的穿著。這反而可以透露出沒有失去創業精神，沒有得到大企業病的「訊息」。

4 外表不是只有服裝，也包括頭髮、牙齒等等外觀，記得經常做整理，因為經營者的外表往往要比商業看板更具有廣告價值。

言語以外的溝通力量

「你的眼睛很有神（軟體銀行面試時）」

孫　正義

在日本，像孫正義一樣進行簡報可以有震撼力的經營者可說是非常少見，就算是大企業的經營者，一般常見的也都是一邊看著備忘稿一邊進行簡報，甚至就直接照原稿念的也不在少數。有時還會看到比較高齡的經營者在進行簡報時，為了看清楚手邊的備忘稿戴上老花眼鏡，一下子拿下來，一下子戴上去。

當然對於日本神轎式管理（下屬完全支援上司）出身的經營者來說，就算一定要看到備忘稿才能進行簡報也不會有任何問題，甚至要求經營者要對公司整體策略瞭若指掌本來就有困難。可是如果不是日本大企業的經營者，就應該要盡可能避免邊

看備忘稿邊進行簡報。因為邊看備忘稿邊進行簡報，會讓聽眾感覺到進行簡報的人本身就對簡報內容沒有充分瞭解。

另外在心理學一般認為，**不做眼神接觸會讓對方以為自己是沒有自信或在說謊的印象**。相反的，如果做好眼神接觸則會給人有意志堅強或者有自信的印象。當然在一對一的場合如果眼神接觸太過頻繁，也很有可能會被認為是沒有禮貌或者太過強勢。不過如果是在有著眾多聽眾的會場進行簡報，就要記得面向整個會場，進行充分的眼神接觸。

如何不帶備忘稿做簡報

孫正義進行簡報不看備忘稿。即使工作人員拿備忘稿來也從來沒有直接照著念過。孫正義進行簡報時，大部分的時間都是面向著觀眾進行眼神接觸。只有在很少的場合，例如股東大會的開頭孫正義才會念備忘稿。

孫正義為了讓聽眾更能理解投影片的「訊息」，都是用口頭流暢的說明，能做到這點是因為他自己本身就充分瞭解簡報內容。由於他在製作簡報投影片的過程，就和社長室的經營策略負責人員討論過好幾次，因此孫正義在事前就充分瞭解要怎麼用口頭說明投影片內容。對孫正義來說，投影片只不過是擔任提示的角色，幫助他回想起要說的內容而已。

一般來說，要進行簡報前必須經過仔細排演。可是孫正義卻從不進行排演，**因為當他在製作簡報的階段就重新審視過好幾次，對於內容也已經有深刻瞭解**。因此，他無法想像不看備忘稿就不能用口頭說明進行簡報這回事。如果要排演，倒不如更加徹底思考投影片內容，再把放在每一張投影片裡的「訊息」琢磨的更清楚一點，努力將各種要素集中後，讓大家只要一看到它的「訊息」，就能知道這張投影片最想表達什麼，必需像這樣經過濃縮思考後的「訊息」，才有可能在不用備忘稿的情況下進行簡報。

不過應該還是有不看備忘稿會很擔心的人。實際上還有另外一個好方法是，可以在觀眾席裡面對著自己的方向擺一台筆記型電腦，進行簡報時用遙控將投影片翻頁。這樣一來就不用一直低頭看手邊，或回頭看背後的螢幕。用這個方法就可以自然的望向聽眾，一邊進行眼神接觸，一邊進行簡報。

別被演講台綁住了！

如果手邊要拿備忘稿進行簡報，就會習慣把備忘稿放在演講台上，使用演講台的機會一變多，最後進行簡報的人反而會受到演講台束縛，身體約有三分之二的部分會被演講台遮住的情況下，因此就難以期待會用到整個身體進行溝通的情形。

在這方面，**孫正義則是自由的在舞台上走動，並且一邊進行簡報，一邊會有許多肢體動作。**肢體動作是僅次於言語的重要溝通手段。例如手語可以和說話的速度一樣，在同樣的時間傳達相同的資訊量。就算不是用手語，雙手也會在無意識中向觀眾傳達了許多訊息。例如在心理學一般認為雙臂交叉放在胸前表示「拒絕」或「生氣」。還有其他例子，譬如覺得煩躁或是在說謊的人，手會不停些微抖動，或者把手放到口袋裡等。另外也有為了不讓別人發覺自己臉部的表情，把手放在嘴巴上或嘴巴附近的人。

由以上的例子可以知道，**手部動作必須自然平緩，而且自由擺放**。如果因為緊張不自然的固定在身體前方或某處的話，很有可能會讓簡報內容的訊息被誤認為「只是表面的說辭，或者心裡完全不這麼想」的感覺。另外，如果過於神經質的頻繁碰觸臉或衣服，同樣也有可能會帶給聽眾一種「他說不定在說謊」的印象。

然而孫正義的手部動作則是直率的跟隨自己的情感，並與所要傳達的「訊息」一起擺動。**最常見的手部動作應該是張開雙手說「各位」「在日本的每一個人」**等，像是對多數人訴說的肢體語言。至於在最想傳達的訊息部分，他也會同樣的張開雙手。這兩種情形都有向聽眾訴說「包含您我，在向日本的每一個人傳達訊息」的含意在。

另外如果講到「不斷在成長」，在「不斷」的部分則會將手上下擺動，這就是在強調「不斷」的意思。還有講到像「加油」「拼命」等詞彙時，單手則配合握拳，張開手臂稍微舉高再上下晃動，這也是孫正義表示盡力的肢體語言。

這些肢體語言的基本共通點就是「張開雙手」這個動作。隨著「張開雙手」這個動作可以傳達「我的心是開放的」或「我很直率的在說，不需要做心理防衛」等訊息。

要進行簡報時可以事先決定大概三種這樣的肢體語言，譬如「展開雙臂」「握拳上下揮動」等，不過記得這些動作都要配合基本的「張開雙手」。

語氣一開始要低沉緩慢

另外還有一個重點就是語氣。孫正義在開始進行簡報時，很多時候都是用非常沉著的聲調，就好像是小聲、淡淡說出來的感覺，但隨著簡報進行會漸漸加快速度，也會開始有拉高聲調的地方。這是為了等待聽眾在開始瞭解簡報內容後，可以慢慢跟上腳步。如果簡報一開始就想把心裡所想的完全說出來，別說讓聽眾跟上來，可能還會想逃走，這就像是有個素昧平生的人突然向你說「我愛你，請跟我結婚」一樣。因此在進行簡報時要語氣淡淡的開始比較好，等到簡報訊息漸漸傳達到觀眾的心裡，再加入情感開始訴說。

另外，拉高聲調的地方也就是孫正義想要強調的地方。例如有句孫正義常常使用的訊息「壓倒性的第一名」。他會把重音放在這句訊息一開始的「壓」這個字，所以無形中會拉高了一點聲調，藉由這樣來強調「壓倒性的第一名」的重點。

孫正義還有一個語氣的特徵就是重覆。特別用在想要強調訊息的重點時也會這麼做。例如像說到「軟體銀行一定會做到、一定會做到最後」。利用這種語氣讓孫正義簡報的訊息不鬆散，可以更強而有力的傳達。

孫正義簡報風格的訣竅

1 眼神接觸可以展現自信或意志的強度。為了能和聽眾充分進行眼神接觸，最重要的是要好好瞭解每一張投影片內容，使得進行簡報時可以不用看備忘稿或投影片。為此必須要好好琢磨清楚簡報的「訊息」，務必在看到投影片的瞬間，就知道該怎麼用口頭說明。

2 肢體語言要配合自己的想法或訊息直率的表達，並經常意識到要「張開」雙手。如果常有碰觸自己的身體或衣服，或是把手放在口袋裡等的肢體語言，則會顯示出沒有自信或不誠實。

3 在進行簡報的語氣要淡淡的開始，等到聽眾跟上腳步後再慢慢一點一點的放入情感會比較好。說到想要強烈表達的訊息時可以加重音，聲調稍微高一點也無妨。另外，重覆訴說也可以讓訊息更容易傳達給聽眾。

一起討論的對象決定簡報效果

「要徹底討論一次嗎？」

孫　正義

二〇一〇年四月二十三日，孫正義在一般社團法人寬頻推進協議會的座談會上，和日本最大網路購物公司—樂天的三木谷浩史社長以「IT讓屬於民眾的日本復活」為主題進行對談。孫正義以一般社團法人寬頻推進協議會代表理事的身分；三木谷浩史社長則是以一般社團法人e-business推進聯合會會長的立場出席。這場座談會緣由於日本政府發表要在二〇一五年前，讓寬頻普及到國內四千九百萬戶家庭，名為「光纖之道」的主題構想，進行資訊化社會的相關討論。

當天孫正義也在推特上邀請大家參加，因此聚集了千名以上的觀眾。看到IT業界兩大巨頭—軟體銀行和樂天進行對談，著實讓一般認為雙方是競爭對手的民眾感到意外。

三木谷社長以自己個人的意見，訴說NTT現在進行的NGN（Next Generation Network，新世代的IP通訊網路）其實是Next Galapagos Network（加拉哥巴哥網路）。如果不把它改成符合公開的國際標準，日本會被新興國家逐漸追上，最後甚至被超過。

這兩個人其實有很深的緣份，早在三木谷社長還未創辦樂天，就職於日本興業銀行的時候，就曾是負責軟體銀行的承辦業務，也算是和孫正義隔著桌子進行交易的關係。據說三木谷社長就是因為通過和孫正義的生意往來開始對IT產生興趣，之後才轉而創立網路購物事業，建構了現在的樂天。

話說回來，孫正義主張為了讓寬頻能普及到日本每一戶家庭，進而實現醫療教育等構造改革，首先必須把現在的電話銅線和光纖從NTT分開，另外成立公司。當然軟體銀行是在東京證券交易所的上市企業，追求利益自是理所當然，儘管孫正義絕非僅止於追求軟體銀行一家公司的利益才如此主張，但這當中難免還是會有人認為孫正義只是為了軟體銀行的利益才這麼說。

因此孫正義為了讓社會理解他的思慮是包含了軟體銀行、全IT產業，甚至全日本的利益，最有效的方法就是讓樂天的三木谷社長也贊同他的計畫。對樂天來說網路如果能比現在更快，網路購物就能變得更方便，自然也會贊成。而且就連在IT業界一直被認為是孫正義競爭對手的三木谷社長也表示贊同的話，就能適時證明這不只是關係著軟體銀行的利益，而是為了整個IT產業、為了日本。

如果孫正義只是一個人進行簡報，再怎麼主張在他人看來也不過是為了軟體銀行的事業，恐怕難以說服群眾，就在這發言的過程中不只是內容，也會因為是誰說的而產生主觀價值的判斷。因此，只要是孫正義所說，就無法免於「他畢竟是站在自己公司利益點為考量」的批判聲音。不過如果是由一般認定的競爭對手來站台，樂天的三木谷社長也願意認同這樣的意見，就能明確傳達這項意見其實是超越軟體銀行的利益。

要讓更多人理解，就和持有不同意見的人對話！

另外孫正義也很積極和持有不同意見的人對話。例如二〇一一年八月五日曾經和設立商業技巧教育機構、對創新產業進行投資的GLOBIS代表堀義人，以「『孫正義X堀義人』徹底討論～思考日本的能源政策～」為主題進行對談。

會促成這次對談的原因是堀義人在發生東日本大地震的四個月後，在推特上批評孫正義「行為就像『財閥』一樣，把事情導向對自己好的方向，但對日本不利的方向」。所謂的「財閥」是指和政府或政治家勾結，取得特別權利的商人。堀義人針對孫正義對自然能源所採取的行動說道「行為就像『財閥』一樣」。

孫正義對此也在七月二日的推特上面回應「堀義人先生是核能擁護者嗎？要不要找個機會徹底討論？」因而實現了這次對談。對談的程序首先是由堀義人先進行20分鐘的簡報，再接受10分鐘的提問；接著一樣由孫正義進行20分鐘的簡報，再接受10分鐘的提問，就像是簡報辯論大會的局面。

堀義人在簡報裡表示，他在自己新成立的活動計畫內訪問了東北許多受災地，傾聽了當地的聲音。今後更要徹底提高核能發電的安全性，而不是歇斯底里、短線思考的大叫「不要核能發電」，應該要回到冷靜思考日本的能源政策。他並指出從「國家安全」的觀點來看，缺乏資源與能源的日本在石油危機以後，就以能源多樣化為目的注入心力在非石油能源的核能。另外他也表示核能的二氧化碳排放量較少，相對在歐洲平均發電量的死亡人數也較少，從這些觀點的述說來看核能是可與風力、太陽能並列的能源。接著表示核能發電有確切性、不被氣象左右的穩定性，每度電力的經濟性較優。如果考慮二〇五〇年地球人口會到達92億人的話，石化燃料總有一天會枯竭，只會剩下再生能源和核能。他表示「不要核能發電」會讓日本產業空洞化、工作機會喪失、貿易赤字擴大、招致財政破產。

堀義人的這種主張，可說是在福島第一核能發電廠發生事故前，和站在擁護立場的人們走的是同樣路線。

孫正義在聽取堀義人簡報後，則在自己進行的簡報中指出，從以前開始到現在關於核能發電的三個「神話」已經崩解了。首先第一個「神話」是「核能發電穩定」，他表示關於這點過去也曾發生過意外，造成全部或部分的核能發電停止，實在不能說是穩定的能源。接著指出第二個「核能發電便宜」的「神話」，如果前提是加上對地方的回饋金，或者像福島第一核能發電廠發生事故後的補償金來說，甚至會衍生出巨大金額，根本不能說是便宜。接下來也否定第三個「核能發電安全」的「神話」，他提道過去十年內日本的核能電廠一共發生過二百二十八次意外，福島第一核能發電廠更是眾多事故中最嚴重的一次，根本不能說核能發電是「安全」的。雖然有人認為如果不用核能日本的電力會不夠用，但那也是在一年之中只有5天，只要尖峰時刻節約用電，就算沒有核能發電也可以利用其他的發電方式來補足日本的電力需求。最後他也主張如果真的做了各種省電的努力還是不夠的話，或許再來考慮從真正安全的核能電廠開始運轉。

接著他在最後總結，「我是『核電最小化主義者』。不是完全不要核能發電，也不是減少核能發電，而是基於核能發電能讓民眾生活和產業成立的條件下，在尚未找到取代核能的方法前，如果怎麼樣都不夠的過渡期間，那就只好針對這不夠的最小部分使用核能運轉。我覺得用這種朝零趨近的最小化主義或許比較好。」

透過雙方各自的簡報，便讓有爭議之處和雙方的立場都很明確。在這些討論中，雙方意見最為對立的部分是關於「核能發電便宜」這個「神話」。在核能發電廠給地方回饋金的來源應該是電力公司還是稅金這點上意見分歧。再者像福島第一核能發電廠事故的補償金到底是多少、補償對象要算到什麼程度，這些項目的決定規則也不明確。孫正義另外也提到經濟產業省試算過，就算用自然能源提供某種程度的發電量，一般家庭每個月電費也只是多出一百五十到二百日圓。可是對於這個數據堀義人仍有疑慮，並未達成結論。當中還有關於像輻射量多少算安全，多少算危險這件事上，也是在各專家之間的意見有所不同，雙方沒有達成一致共識。

孫正義另外還提到可再生能源的收購制度。可再生能源的收購制度是指一種將風力或太陽能等這類可再生能源在一定期間內用一定價格，由電力公司統一收購的制度。他指出這項制度除了日本以外，在歐洲等地已經普及，日本的企業也應該活用先進技術加入市場。可是關於這點堀義人認為它不應該是固定價格，而是透過自由競爭來決定價格；為此孫正義也提到在歐洲制度並不是二十年間都採用一定價格收購加以回應。

但在雙方的討論中也有幾點意見是相同的。那就是為了探討今後日本的能源政策，政治家、電力公司、行政部門、企業家、核能專家等各領域的人都必須要多公開資訊，加以討論。另外堀義人也理解了孫正義以上述論點是站在「核電最小化主義者」為前提的立場，收回了稱孫正義為「財閥」這句話。

孫正義在簡報一開始時說了下列這段話。

「雖然有許多擁護核能發電的人，但卻很少有人可以正面報出姓名參與討論。我認為如果對象是堀先生或許我們就可以『徹底』面對面討論。我對堀先生這個人有很高的評價，希望大家可以理解這點，也希望利用今天這個機會能夠『徹底討論』。

堀義人在最後也回應了這樣的看法：「這次的對談是企業家對企業家，但希望以後也可以在各種場合看到政治家對政治家、學者對學者的對談，讓各種論點出現，讓更多人聽見後可以思考該如何去做，並且跨過這次不幸的事故。從以前到現在，日本通過了無數災難的考驗，我認為我們擁有通過這些災難的潛力，而我們也必須和像孫先生這樣的領導者一起跨越過去。」

藉由孫正義和堀義人雙方的簡報和討論，讓可再生能源的爭議點明確化。聽眾也應該可以藉由這個過程深入瞭解各自的論點，至少已經清楚是哪些資訊不透明，才讓意見對立的原因浮上檯面。

例如核能發電的成本究竟包含到哪些項目，在討論前提不一致的情況下，聽眾應該就可以聽出孫正義和堀義人的論點是各說各話。從以前到現在一般人很少有機會能聽到站在擁護核能發電立場的人說明或是和他們討論，因此才會有「神話」這種形容出現。

孫正義在這次對談場合的目的，主要是希望往後也能建構出這種對談的雛型。經過和不同意見的人對談，不但可以讓聽眾或一般人對問題有更深一層的認識，同時也是一種非常強而有力的溝通手法。

孫正義簡報風格的訣竅

1 如果在進行簡報時可以有一起討論的對象，將會讓簡報的訊息更有說服力。

2 一起討論的對象如果是和自己抱持相同意見者，可以補強簡報的「訊息」，說明它是越過自己的利害關係，具有社會的公益性。

3 持有反對意見的討論對象可以讓簡報「訊息」背後的論點更加明確，促進和會場的所有人一起分享。另外透過討論「訊息」背後的論點，也能幫助訴說「訊息」的客觀性。

享受現況

「少是事實，不過不是騙子」

孫　正義

孫正義身為企業經營者，溝通能力卓越應該無庸置疑。一般人用「真誠」「認真」「熱情」等各種詞彙，形容他的特質。可是孫正義真正打動人心的溝通方式不只是靠著「真誠」或「認真」。「真誠」或和「認真」固然很重要，但除此之外再加上一點點「親和力」或「幽默感」等個人魅力，便成為孫正義在傳達「訊息」時更容易被他人所接受的基礎。

二〇〇七年十一月二十二日，總務省召集了以WiMAX申請方式應用在高速數據通訊，2.5GHz頻段無線通訊執照的企業，進行了公開討論會。NTT系列的ACCA Wireless、KDDI系列、無線寬頻企畫、以及WILLCOM等各公司社長共同參與了這次討論會。孫正義也以軟體銀行系列Open Wireless Network的代表身份參加。在這個討論會中各公司為了申請執照，將針對自己公司所提供的服務進行簡報。各公司理所當然都會為自己公司陣容的長項進行宣傳。

此時孫正義在討論會上說道**「是誰讓日本的寬頻變成全世界最快最便宜？是誰在這個領域努力到『毛都掉光』？」**孫正義的訊息原本是指軟體銀行成功地讓寬頻在日本得以普及的實績，同時也暗指其他公司在行動電話的領域上其實沒有太多貢獻。不過此時，如果他是改以認真的表情訴說「希望大家能夠想想，是軟體銀行讓日本的寬頻價格變成全世界最低、速度又快，其他公司沒有如此的實績」，這麼一來，很可能會引來聽眾的反感，甚至不會有人願意站在軟體銀行這一邊。本來這個討論會的目的是要讓會場的人能夠站在自己這一邊，但這麼說卻反而樹立了敵人。

因此他改以幽默的口吻，用自己的頭髮來開玩笑，讓孫正義的主張更容易讓聽眾接受。當然孫正義也不只是因為進行寬頻事業才讓「毛都掉光」，但這也不失為讓聽眾想起孫正義對寬頻努力與貢獻的好方法。

孫正義曾經被對他持有反感的人叫過「禿頭騙子」，也有使用者在孫正義的推特上直接寫推文，說孫正義是「禿頭騙子」。可是孫正義對這些推文都是回推道「**少是事實，不過不是騙子。等到一百年後會被理解就可以了**」。他的意思是頭髮少的確是事實，不過他也確信將來自己的所做所為將會成為貢獻。

孫正義認為「親和力」是溝通上的一種巨大力量。應該有很多人看過孫正義上電視接受訪問，或出席談話節目時所露出的笑容，和他認真時候的表情又是完全不一樣。或許是因為髮量少的關係，有時候他的笑容看起來就像嬰兒般清爽。孫正義不會強顏歡笑，而是真正在享受當下的狀況才會露出那般自然的笑容。人們看了這樣子的笑容心情也會變得比較開放，也因此當他在訴說認真的主題內容時也更容易傳達，更容易被接受。

孫正義簡報風格的訣竅

1 在進行簡報時，若以嚴肅的方式報告自己公司和其他公司實績的比較訊息，有時可能會引起聽眾反感。為了讓聽眾容易接受這種訊息，適度地以幽默方式做包裝會是有效的方法。

2 享受自己處在當下的狀況並露出笑容，將可以有效地營造出一種適於溝通的氣氛。

不要害怕回答問題！

「目標是全日本最開放的股東大會」

孫　正義

二〇一一年六月二十四日軟體銀行召開股東大會。在這次股東大會上因為要進軍最近成為話題的自然能源事業，所以進行了軟體銀行經營範圍的章程變更。在大會上孫正義親自並分別回答了股東提出的17個問題。這些問題中除了有關於目前成為話題的自然能源事業與它的資金調度方法以外，也有關於行動電話電波新頻段的分配申請、以及財務稅務等相關事宜。在這些問題裡面當然也有包含高度經營判斷的疑問，不過孫正義對這些提問都是盡可能深入淺出、仔細回答。孫正義像這樣親自回答股東問題不是只有今年而已。**在過去的股東大會上，孫正義也幾乎從未將回答的工作交給其他董事或幹部。**

在日本，一般認為股東大會盡量愈短愈好。因此關於自己公司事業的說明，也是以財報數字為中心盡可能地將時間縮短。發問時間也只是形式，最後再由員工等等公司方面的股東拍手後落幕。日本公司的傳統觀念是，公司和個人股東是對立關係，儘量不要有溝通對話比較好。

另外股東大會還有一種現象是股東提了問題，但身為大會主席的社長卻不積極的以本身的想法來回答。社長只是照著文書人員事先做好的問答集照本宣科的進行，直到會議結束前也不會和個人股東任何有眼神接觸。如果遇到比較難以回答的問題就說「由負責的董事回答」，之後轉給其他人。大多數的公司就像這樣，在股東大會的流程上幾乎感受不到想讓個人股東對公司本身經營有多一點瞭解的感覺。

孫正義對一般這種股東大會的經營方法感到懷疑，所以他的目標是實現開放式的股東大會。他總是花時間針對事業策略進行簡報，並積極接受個人股東的發問逐一回答問題。他認為要讓股東能更深入瞭解軟體銀行的事業策略，就有必要積極的回答問題來達到雙方的互動與溝通。

另外孫正義在股東大會對提問的處理也很熟練。其實個人股東提問時不一定會整理好重點。因為在眾人面前拿著麥克風發問常常會緊張結巴，重覆述說一樣的事情，反而沒說到想說的話，或者跳過自己的論述等等。這也難怪如此，因為就連經營人員在面對股東大會也是會緊張。再者雖然說是發問，但有時卻像是提問人在發表意見，例如「其他同業公司都有發股利，我覺得我們應該也要發，社長你覺得如何？」

類這似樣的情形就必須先好好瞭解個人股東的提問再適時進行溝通，最好方法就是自己將問題整理後再口述一次，向提問人確認。例如如果是剛才關於股利的提問，就可以這樣確認「您的問題是您認為應該像其他同業公司一樣發放股利，我對於這點的看法是嗎？」透過這樣的確認，提問人自己也可以再次確認回答人是否有瞭解到問題的主旨，讓問題與回答的關聯性會更加明確，提問人和聽眾也將更容易瞭解。這手法不只是在軟體銀行，在其他公司的股東大會也經常被運用，不過這個技巧如果只用在股東大會的話就太可惜了。

不只是股東大會，在日本的演講或簡報，回答發問的時間往往都很短。例如通常都是演講或簡報時間規劃一個小時，但發問的時間卻只有最後十分鐘，就好像不歡迎發問一樣。相較於此在國外的演講或簡報，回答發問的時間就長了許多。當然這和是否積極表現自我主張的民族性有差，不過回答發問的時間還是長一點，會比較能加深聽眾的理解程度，提高滿意度。

在國外就算是一對多的溝通場合上，也常利用以回答問題為中心的雙向溝通手法。例如在日本也曾引起話題，美國哈佛大學教授邁可・桑德爾（Michael Sandel）的課程「正義（Justice）」就是一個很好的例子。這個課程和一般講師只是單方面的講述已經有固定答案的課程手法完全不一樣。

例如最有名的題材是「**軌道的選擇**」。它的內容是「有一列正在行走的火車，它的煞車故障、警報器也壞了。這列火車正開往鐵軌軌道的分歧點。如果直走，會撞到正在鐵軌上工作的五位作業人員，這五個人都會死亡；如果切換方向，開到分歧出來的軌道上，在那盡頭是一條死路，只有火車司機一個人會死亡。假設在場的聽眾是這列火車上的司機，你會怎麼做。」

邁可・桑德爾教授向會場的人們詢問這個問題的答案，有的人說會直走，有的人說會轉彎，理由也是各式各樣。針對這個問題沒有哪個答案才是正確解答，不過藉由這種討論方法可以得知每個人各種不一樣的想法，也能明確認識自己本身的想法。思考會透過提問與回答的過程更加深入，特別是像「軌道的選擇」這種沒有正確答案的情形，採用提問與回答的形式會非常的有效果。

關於企業經營一樣也可以這麼說。經營企業不會存在有絕對的成功，或者風險為零的事業，在新的事業領域更是如此。企業要訴說的是在不確定的環境下，公司會盡努力做到最好來換取成功。在日本特別是創新企業更不容許失敗。如果是大企業，就算有些許醜聞，公司本身也不會解體，頂多是換掉一部分經營人員。不過如果是創新企業，就算這是家股票已經上市的公司，只要遇上社長被收押等風波，企業本身要再存續下去的困難度就會大大提高。

軟體銀行和其他一時有名而後消失的眾多創新企業不同，能夠持續存在、發展的理由之一，**就是一直努力地讓以股東為首的眾多利害關係人員能夠多瞭解公司。**

孫正義之所以能不害怕回答問題的原因就是，**他的簡報都是親力親為，一邊討論一邊製作，非常清楚每一張投影片背後所存在的各種策略。**不管是在股東大會或其他重要會議上，幾乎都難以看到文書人員令人提心吊膽地回答問題的場面。

1 在進行簡報或演講時不要害怕回答問題。因為回答問題反而能讓聽眾更加理解，提高滿意度。

2 在回答對方的問題前，先將被提問的問題主旨用自己的話整理一遍後，再向發問者確認。這不但能向發問者表明自己非常清楚問題的主旨，也能讓在場聽眾瞭解所提的問題和重點。

3 為了避免回答問題時失敗，除了要事先全盤想好可能會被提出的問題及答案外，最根本的方法還是要在製作簡報的階段，就徹底想出存在於每一張投影片背後的各種訊息或策略。如果能做到這點，自然的就能順利地回應各種提問。

隊伍與人群是成為市場起爆劑的最強簡報！

「很高興能和各位一起體驗興奮與感動」

孫　正義

二〇〇八年七月十日深夜，孫正義來到軟體銀行表參道店前，他是特地跑來看即將在隔天十一日發售的 iPhone 3G 排隊購買的人潮。此時隊伍的人群據說有八百人左右，而孫正義則對排隊的人們打招呼，同時這些排隊的人群也向孫正義回應「我們很期待 iPhone 3G」等等，並且和孫正義一起拍照留念。

孫正義在隊伍裡現身的訊息，在當天晚上透過部落格或網路新聞迅速地傳開，據說這個隊伍最後排隊人數多達一千五百人。不只是在軟體銀行表參道店，在各地的家電量販店也同樣有人排隊。這個光景不只是在網路，同時也在電視等媒體爭相報導，讓銷售活動在一開始就造成話題。甚至開始銷售的同時，在晨間新聞節目或資訊節目還可以看到以實機介紹 iPhone 3G 美麗的畫面、流暢的操作，還有透過各種 APP 實現多種功能，讓許多人瞪大了眼睛。

iPhone 3G 在日本的出貨台數因為蘋果的政策之下，軟體銀行也不便正面公布。雖然詳細數字不清楚，不過也大賣數百萬台，成為軟體銀行奪下手機用戶成長數第一名的原動力。現在當然每個人都知道 iPhone 的人氣，不過在發售當前一般並不認為它會成為像現在一樣擁有壓倒性人氣的機種。例如在某家證券公司負責手機業界的分析師裡就有人預測「iPhone 會輸給日本獨自發展完成的「加拉巴哥手機」，最後不得不撤退」。像這種「iPhone 無法打入日本市場」的預測，在 iPhone 正式發售之前是有它一定的可信度存在。

當然也有人強烈預測「只有蘋果產品的狂熱粉絲或者部分喜歡嘗試新鮮貨的用戶才會接受 iPhone」。除此之外，還有聽說一般消費者因為「軟銀行動通訊手機的網路訊號很弱」而猶豫不敢換成 iPhone。也就是說 iPhone 在日本市場發售當時，只是位於挑戰加拉巴哥手機的位置而已。

在更早以前以同樣位置想要打進日本市場的產品還有黑莓機。黑莓機是加拿大的Research In Motion公司在一九九七年開發的行動終端機，在全世界已經銷售超過一億台以上。黑莓機這個產品可以把它想成是一種智慧型手機，它具有便於輸入電子郵件的小型鍵盤和液晶畫面，在歐美商業圈子裡更是普遍使用，可是它在開發日本的市場就沒那麼順利了。NTT docomo雖然在二〇〇六年開始銷售，不過在日本的普及程度到現在還是不甚理想。不論是iPhone或黑莓機這些產品在國外都具有壓倒性的市占率，同樣是在日本的推廣上卻形成如此大的差異，這或許可以說是軟體銀行在行銷上的貢獻所做出的差異。

另外，**孫正義除了做出「隊伍」也會做出「人群」**。一九九九年十月十二日，孫正義在赤坂王子飯店的宴會廳滿腔熱情的訴說日本納斯達克的未來藍圖。當時孫正義正準備進行和全美證券業協會（NASD）攜手合作，設立以新興企業為對象的股票市場。在此成立大會上，二千三百位創新企業家在聽取孫正義的簡報後，燃起了對新興股票市場的期待。電視新聞等也大篇幅報導會場的情形，引起一陣話題。

結果日本納斯達克和大阪證券交易所合作，在二〇〇〇年六月開始交易。另外就像要和此項動作對抗的東京證券交易所也決定開設以新興企業為對象的MOTHERS市場，在一九九九年十二月開始交易。隨著這類新興市場的成立，Cyber Agent（二〇〇〇年三月東證MOTHERS上市）、On The Edge（現livedoor，二〇〇〇年四月東證MOTHERS上市）、WEATHERNEWS（二〇〇〇年十二月日本納斯達克上市、現在東證一部）等多數新興企業飛躍進步，增加再次成長的可能性。

如果孫正義不針對日本納斯達克的構想進行簡報，為數眾多的創新企業家不因此集結的話，恐怕東京證券交易所也不會成立MOTHERS市場。因為早在NASD在與軟體銀行接觸前，就曾對東京證券交易所提出合作申請而被拒絕。當時東京證券交易所對以新興企業為對象的市場並不積極，可是由於之後軟體銀行和美國納斯達克的合作，在日本進行設立日本納斯達克的結果，反倒促成東證MOTHERS市場成為了它的對抗案。這完全就是孫正義用簡報推動時代的力量，而隨著簡報一起擔任重要角色的，就是要做出「隊伍」與「人群」。

觀察學習與產品生命週期理論

人類會以模仿他人的行動為榜樣學習，這在心理學上稱為觀察學習。觀察學習如果用日本的說法來解釋，就是「有其父必有其子」。例如父母如果在玄關脫下鞋子習慣放整齊再進房的話，小孩也會跟著放整齊。相反的如果脫了就隨便亂擺，那小孩也會跟著隨便亂擺。

這種情形不只適用於小孩身上，就算是大人也會看了其他人的行動再決定自己的行為。或許有人有注意到，就算車站裡有好幾條自動剪票機的通道，但人們只會排在幾條特定的剪票通道等著過。這是因為人們會在無意識中跟著前面的人走。自動剪票機上往往會有電子字體顯示目前這台剪票機是進站還是出站的人在使用。因為進站的人數和出站的人數在每個時間點或許不同，所以剪票機一般是設計成可以進站也可以出站的功能。剪票機會依先進來的人的方向顯示進站或出站，在同一個時間點只能允許單方通行。也就是說如果要通過剪票機，必須要在瞬間看電子字體顯示，判斷這台剪票機目前是進還是出。不過實際上會看電子字體顯示來判斷的人意外的少，大家都是看著前面的人通過後，無意識的跟在後面走。

在經營學行銷領域顯示這種心理學觀察學習效應的就是產品生命週期理論。產品生命週期理論認為一個產品從投入市場到結束銷售為止，會經過導入期、成長期、成熟期、衰退期這四個階段。

在導入期是以被稱為創新者（innovator）與早期採用者（early adopter）等喜歡新東西，就算冒點風險也要購買新產品的人們為對象進行銷售。在這個階段銷售對象為約佔總消費者的16%。創新者非常前衛，且會依自己獨特的價值觀或知識購買新產品。至於早期採用者則是以自己為主體，在網路或雜誌上等蒐集各種資訊後購買新產品。創新者或早期採用者給人的印象就像是公司裡總會有一個「蘋果的狂熱粉絲」或者「只要有新的電子產品問世一定會購買的30多歲的生意人」等等。以iPhone的例子來說，就像是在發售後馬上購買的用戶群。

到下一階段的成長期，一般人對該產品已有認識，銷售對象為部分的早期採用者與早期大眾（early majority），這時期需要急速擴大。早期大眾約占全體消費者的34%，屬於比較慎重，會和早期採用者商量過後才會決定購買的用戶群。以iPhone的例子來說，就是會去詢問發售後馬上就購買的創新者或早期採用者實際使用後的感想等等，再決定要不要購買的用戶群。

接著會進入成熟期、衰退期。用戶群會轉變成為不喜歡冒險、等到確認到商品已經普及到社會上，或自己周遭身旁後才會購買，稱為晚期大眾（late majority）的人群。之後再移動到那些非等到產品已經在市場行之多年成為「傳統製品」，否則不會購買，稱為落後者（laggard）的用戶群。

為什麼產品會在某個階段就停止普及？

其實在電子產品世界，有很多商品都在創新者或早期採用者的市場階段就停止普及。那是因為這兩種用戶群行動的軸心意識是「使用和別人不同的新產品、服務」。

像這樣在某個市場階段停止普及的一個例子就是被稱為PDA（Personal Digital Assistant）的產品群。其實PDA鎖定的應該是和iPhone或iPand等產品群同樣的市場，商業人員可以利用此產品做到行程管理，或者在公司外也能使用之前用電腦做好的資料。在PDA中最具代表性的產品是夏普生產的Zaurus。PDA當時在日本國內每年約出貨一百萬台左右，有一定的市場價值存在。可是後來隨著行動電話的普及市場漸漸縮小，Zaurus終於也在二〇〇六年停止生產。

如果各位讀者當時已經在工作，或許有人還記得在職場看到三十多歲的上班族很高興用著Zaurus在做行程管理，這種職場的前輩雖然很興奮的向我們說明Zaurus有多方便，可是看他實際操作的樣子就會發現，不是在小小的畫面手寫輸入，卻一直無法被正確判讀花了很多時間，就是要用小小的鍵盤打字。最後很多人得到的結論是「為什麼要這麼麻煩？用手寫在小記事本上還比較快。為什麼要用這麼麻煩的輸入方法？」

阻擋PDA普及與撞牆的原因在於「真的有辦法利用它來管理行程嗎？」如同先前所述，創新者或早期採用者的行動軸心是「使用和別人不同的新產品與服務」，但對於早期大眾要實際要購買的點卻是「別人用了以後很方便」。雙方對於這個「別人使用」的認知完全不同。創新者或早期採用者的認知是「別人沒在用」；早期大眾的認知則是「別人有在用」。因此iPhone不願意成為只是以一部分狂熱用戶為對象後就結束生命的產品，有必要一口氣擄獲早期大眾。

於是孫正義為了向這些早期大眾強力發出「有這種產品，已經有很多人在用，請一定要問問看他們使用感想」的訊息，他的策略就是做出「隊伍」與「人群」。同時也向他們實際展示操作性、快速動作和以往的PDA不同，之後經過網路或電視成為一大話題，將此訊息強烈傳達到看了「隊伍」與「人群」的人們意識內。iPhone就像這樣一口氣成為不是只賣給狂熱消費者，而是男女老少誰都想要的產品。同樣地，之前的日本納斯達克市場也是因為「隊伍」與「人群」的力量成立。

對孫正義來說，「隊伍」與「人群」就是成為市場起爆劑的最強簡報。

孫正義簡報風格的訣竅

1 「隊伍」與「人群」是為了跨過創新者或早期採用者等特定用戶群，並用來擴大市場時非常強力的手段。那是因為早期大眾相當重視「別人實際上用了以後很方便」的結果。

2 不要期待「隊伍」與「人群」自然產生，而要意圖做出「隊伍」，再下功夫將這項資訊透過網路或電視等媒體擴散。因此也可以考慮利用電視媒體做出活動的效果。

3 除了「隊伍」與「人群」，實機展示也很重要。這是因為早期大眾也很重視符合實際使用的目的性與便利性。

數據的表現方式決定簡報的銳利度

「不會多變量分析的幹部請他辭職。」

孫　正義

孫正義的簡報會使用非常多的數據。不過數據的使用方法會配合簡報的「訊息」下功夫。不管是營業額、投資額，數據本身只不過是數據而已，枯燥乏味，但其實數據就像是料理的材料，要怎麼料理才是重要的關鍵。

讓我們看一下二〇一二年三月期第一季的財報資料，很多數據都被加工成簡單的圖表。過去八年內第一季的總營業額以直條圖表示。這張直條圖是以微軟的Excel製作，但圖表中不需要的部分都已清除，成為一張簡單的直條圖。

Excel的直條圖如果用原始設定去製作的話項目太多。座標軸有刻度，旁邊有格線，整張圖有時還有框線。另外圖內每一根直條的間距又寬，直條細長瘦小，如果直接套用會變成一張有著太多餘白的圖表。

因此在孫正義的簡報裡將座標軸、格線、框線全部省略。圖表的直條也以適當的粗細配置，可以輕易看出軟體銀行每年的總營業額都在增加。畫面左半邊放圖表，右半邊的「訊息」則用大一點的字型寫著「連續3期收入增加、9%為過去最多」。這張圖表的「訊息」就是「**軟體銀行持續在成長**」，為此這張圖表不能只往橫向發展，必須要有銳角一直往右上方去的感覺。所以才將畫面分割一半，分別顯示圖表和「訊息」。

圖表的種類也是細心選擇。要比較自己公司營業額等等從過去到現在的推移時用直條圖；要和其他公司比較的時候用折線圖。在這份簡報裡就是以兩條折線交叉的方式明確表達軟體銀行的總營業淨利已經超過KDDI。

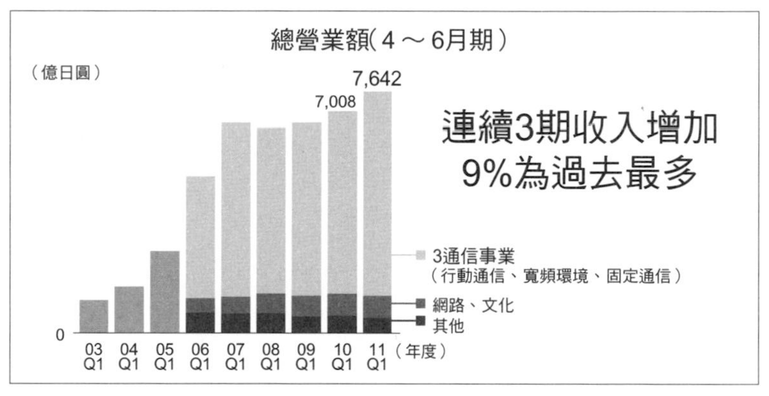

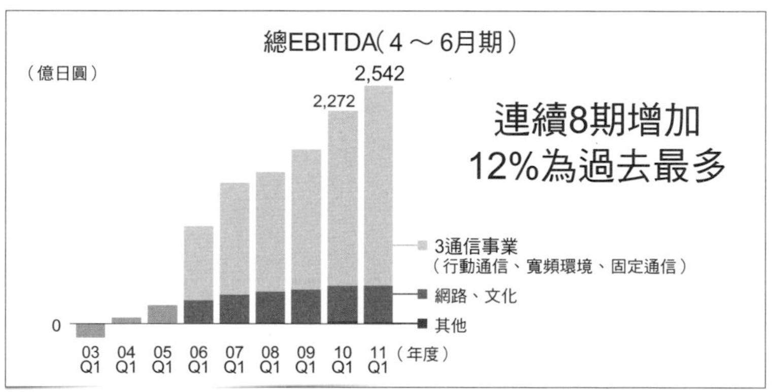

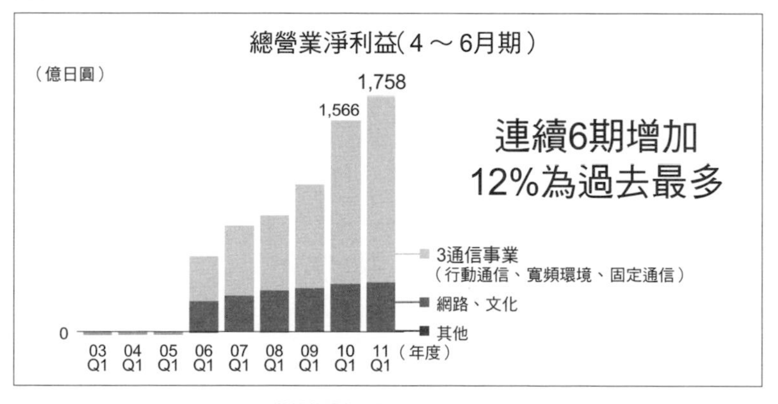

依據軟體銀行股份有限公司2012年3月期第一季財報說明會資料製作

將數據變換成可以理解的「訊息」！

孫正義除了細心注意圖表的表現方式外，對放置「訊息」的位置也有他的考量。「訊息」要和數據搭配才會有意義。例如總營業額有「連續3期收入增加、9％為過去最多」；總EBITDA有「連續8期增加、12％為過去最多」；總營業淨利有「連續6期增加、12％為過去最多」等「訊息」。

孫正義擅長將數據所代表的意義轉變成每個人都可以輕易看懂的訊息。在「軟體銀行新三十年願景」就曾大膽描述預測二〇四〇年的科技進步。關於CPU上的電晶體，在二〇一〇年雖然是三十億個，不過在二〇四〇年則是預測會增加一百萬倍成為三千兆個。另外也預測記憶體的容量會由二〇一〇年的32GB，成為一百萬倍的32PB（P為單位名稱Peta，為10的15次方）。不過這些數據就好像天文數字，實在難以想像到底有多進步。人們就算聽到32PB，恐怕也難以具體想像。因此孫正義就把這些數據轉換成接近我們身旁容易理解的數據，就好比要形容一個很大地方時會說「一百個東京巨蛋」一樣。

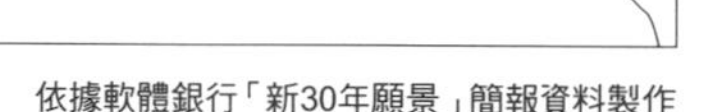

依據軟體銀行「新30年願景」簡報資料製作

孫正義拿可以儲存在三萬日圓硬碟容量的資料當做例子說明。在二○一○年可以儲存六千四百首音樂，在二○四○年則可以儲存到五千億首曲子。在二○一○年可以儲存四年份的報紙，在二○四○年則可以儲存三點五億年份。同樣的，在二○一○年只能儲存4小時的電影，不過在二○四○年則可以儲存三萬年份。

另外關於通訊速度，在二○一○年是1Gbps，不過到了二○四○年則預測會變成三百萬倍的3Pbps。

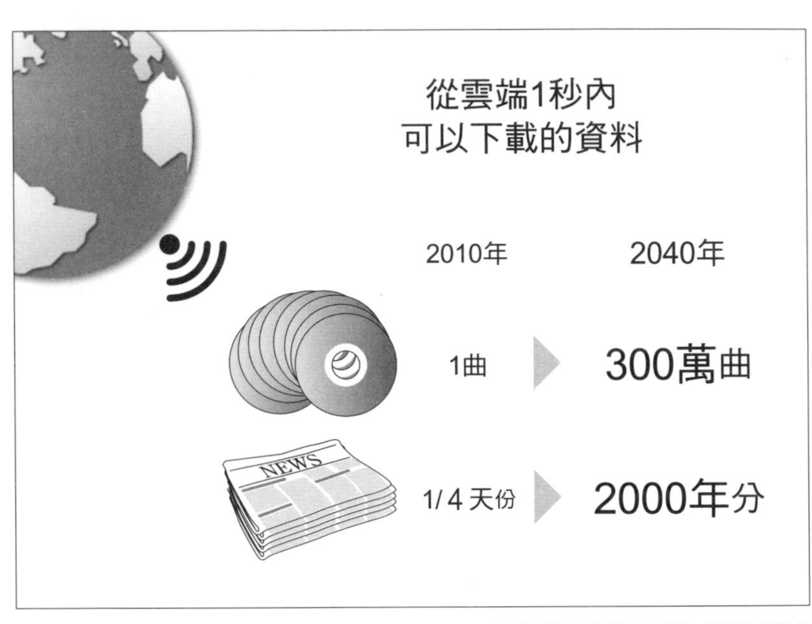

依據軟體銀行「新30年願景」簡報資料製作

孫正義也用好懂的例子說明了這項預測。這例子是1秒內可以下載的資料量。如果是音樂，在二〇一〇年只能下載一首歌，不過到了二〇四〇年則可以下載三百萬首。如果是報紙，在二〇一〇年只能下載四分之一天份，不過到了二〇四〇年則可以下載二〇〇〇年份。**孫正義就像這樣經常要求讓數據好懂。**

孫正義在二〇一一年六月二十四日的股東大會上介紹了中國的網路電視公司PPTV。PPTV是在中國本土每月有一億五百萬人用戶使用的事業體。為了顯示PPTV的用戶數究竟多到什麼程度，他以全美國有線電視用戶數當做比較對象。據孫正義說PPTV的用戶數將近是全美國有線電視用戶數的一倍。這讓人們可以瞭解PPTV的用戶數正以猛烈的氣勢成長。

孫正義把數據轉換成每個人都看得懂的圖表，用每個人都懂的例子或比較來說明數據的意義，因此可以讓簡報本身擁有的說服力飛躍提昇更是不在話下。

孫正義簡報風格的訣竅

1 數據必須配合簡報的「訊息」加工，讓它容易好懂。數據本身只不過是枯燥乏味的數據而已，「沒有處理過」的數據，聽眾也無法理解它所代表的意義。

2 把數據作成圖表時用時序排列，或者與其他公司比較，這些方法都可以把數據的意義更清楚的傳達給聽眾。另外製作圖表樣式時，如果用Excel的原始設定去做，會因為項目太多造成構圖不好看，應該重新設定為容易看的美觀格式。

3 如果數據太大，聽了也無法想像的時候，為了簡單說明可以決定一個物件作為基準。重要的是讓聽眾可以想像「是這個基準的幾倍」。

蒐集社會上的聲音轉動社會！

「現在如果不出聲，這個國家的行動電話費率可能會永遠這麼高。請讓行動電話市場擁有更多的競爭！」

孫　正義

孫正義會對消費者清楚明白的訴說自己公司所提供的服務與意義。軟體銀行表明要進軍行動電話業界時，於二〇〇四年九月六日在全國五大報刊登了表達自己意見的宣傳廣告。內容就在孫正義搭配手勢積極訴說的臉部特寫旁邊，出現一行字，上面寫著「現在如果不出聲，這個國家的行動電話費率可能就會永遠這麼高。請讓行動電話市場擁有更多的競爭！請將你的聲音傳到『公眾意見』！今天下午五點截止」，另外還加上圖表比較日本和美國、英國、法國等世界各國的行動電話費率，看了這張圖表就能明瞭日本的行動電話費率的確高出了數倍。

另外軟體銀行也對包含Yahoo! BB用戶以及已成為集團旗下的軟銀電信ODN用戶等約六百萬人以上寄出電子郵件。內容也是請大家能把自己的意見寄到總務省募集「公眾意見」的電子信箱。接著在同一天下午也緊急召開了記者會。

孫正義會有這些動作的背景是因為二〇〇四年八月六日總務省發表的「800MHz頻段內IMT-2000頻率分配方針案」。不用說大家都知道行動電話會用到無線電波，電波有電波頻率，且每個頻段有它的特性。表示電波頻率的Hz是指每秒鐘的振動次數。頻率2GHz是指每秒鐘振動二十億次，800MHz則是指每秒鐘振動八億次。頻率愈高電波的特性就會愈接近光。換句話說電波頻率愈高直進性愈好，遇到障礙物較不會繞射，反之電波頻率愈低就愈容易繞射，所以低頻率的電波會比高頻率的電波擁有更容易跨過障礙物傳達的性質。另外電波在衰減的特性上也有不同，800MHz的電波會傳的比較遠。由這些電波的特性來看，800MHz的頻率會比2GHz的頻率更適合用在行動電話。不管是建設基地台的數量，或者在設備投資上都較為划算。

這就是孫正義刊登新聞廣告，寄送電子郵件，甚至召開記者會的理由。孫正義當時正在考慮進軍行動電話業界，不過在總務省的「800MHz頻段內IMT-2000頻率分配方針案」裡，卻只打算將800MHz頻段內的頻率分配給既有的NTT docomo及KDDI（au）兩家業者。對此孫正義強烈反彈說道「總務省沒有解釋理由，為什麼決定是既有的這兩家業者。頻段是全體國民的資產，卻只有當事人之間在密室決定」。他為了打破這種狀況所以刊登廣告寫道「現在如果不出聲，這個國家的行動電話費率可能會永遠這麼高。請讓行動電話市場擁有更多的競爭！請將你的聲音傳到『公眾意見』！今天下午五點截止」。結果，總務省當日收到超過3萬封公眾意見，其中有多數都是表示除了既有的NTT docomo與KDDI（au）之外，應該也分配800MHz頻段給新加入的業者。總務省收到這些訊息後因此宣布，會再重新檢討800MHz頻段的分配事宜。這一連串的動作或許也可以說是一種緊急的簡報。

不過由於要對一般用戶說明800MHz頻段頻率所代表的意義相當困難，所以先從日本行動電話費率太高這點開始訴求，並與美國、英國、法國比較，點出問題，讓看過這廣告的人都會有所感觸。

現在日本的行動電話普及數已經超過一億二千台，幾乎是人手一台的情況下，而平均每月約繳一萬日圓左右的通話費。不論是誰應該都有看了通話費明細後皺眉的經驗。**軟體銀行進軍行動電話業界的目就是為了解決這每個人都抱持的不滿。**

孫正義在廣告中還提到，軟體銀行有自信可以降低行動電話通話費。軟體銀行根據的是ADSL的業界經驗，就在軟體銀行進軍ADSL業界前費率約為一萬多日圓，但在軟體銀行進軍後一口氣降到五分之一。接著說到日本電信（現軟銀電信）的家用電話後，在這邊才終於說明行動電話的無線電波頻段。最後提到軟體銀行繼寬頻事業、家用電話業，如果也能加入行動電話業的話，就能以身為綜合通訊業者的身分，進行「寬頻革命」，朝向實現「無所不在（Ubiquitous）的網路社會」。就在如此完整的敘述孫正義的「志向」後，便向看到這幅廣告的人加以訴求，為了實現自由公平的競爭，請他們將意見寄到總務省的「公眾意見」。

最後雖然軟體銀行還是沒有得到可以加入800MHz頻段的允許，不過這件事卻成為日後買下沃達豐進軍行動電話業界的一大步。

孫正義的熱情與真誠

孫正義的簡報之所以會吸引聽眾的一個理由，**無非就是他對事業的熱情與真誠**。除了熱心敘述對自己事業的熱情外，也真誠述說對日本或對世界將來的看法。為什麼孫正義有辦法以如此的熱情與真誠述說這些事業？對此孫正義如是說道。

「回到日本後雖然我創辦了軟體銀行，不過在剛回到日本的一年半內我一直都在煩惱。於是我又一次的回想起（坂本）龍馬的書，想著自己來到世上究竟是為了完成什麼？能讓自己花上一輩子的時間，甚至整個人生的工作目標又是什麼？

我想要開創新事業，卻又煩惱著要抱持什麼目標才能讓熱情一輩子不冷卻。於是我自己得到的結論就是「數位資訊革命」。透過數位資訊革命讓社會上、世界上所有人的智慧和知識能夠共享。我想要做出這種大事業和服務，讓所有人的智慧和知識得以共享的事業，讓每個人變得幸福、變得更幸福。我發現如果能從事這樣的工作，就值得賭上整個人生。這是一個能讓我瞬間說出『好，就是它』的志向，一個值得讓我花上整個人生的志向，而我就是為此而生。為了這個志向我下定決心創辦了一間公司，這間公司就是軟體銀行。」

就是這樣他發現這份事業，所以孫正義才能一直持續燃燒熱情。如果他沒有這樣的熱情，只是想輕鬆賺錢的話，當初應該會選擇其他事業吧！不過無論選擇是什麼，當初若是沒有這份熱情與志向的堅持，現在或許就像遭受挫敗的企業家一樣，早已不知消失在何方。就因為他擁有過人的志向和熱情進行事業，所以才能說服許多人加入自己的事業，成為日本第一的資本家。

或許有許多人覺得，在日本要像孫正義一樣找到能貫注自己熱情的志向並不簡單。大部分的理由是，在日本大學畢業後大家通常都是找公司就職。不過就像孫正義在美國創業後煩惱了一年半一樣，他們也是花時間找工作，在找工作的這段期間應該也是思考與煩惱了各種狀況。那麼，究竟是哪裡不同？

或許有人會認為企業家和上班族不一樣。企業家可以決定自己要做什麼工作，上班族則是在公司的組織下被期待完成一定的工作。但是不管在哪裡都有一個共通點就是，無論你是企業家或是上班族，都是必須透過市場將產品或服務賣給消費者。因此不管是孫正義或是新進員工都是一樣，只要是消費者或市場不支持產品或服務的話公司就不能生存下來。在孫正義剛創業後的十年二十年，以他本身所立下的志向來看，恐怕能夠完成的部分很有限。那是因為以創新企業來說必須從零開始，在「人、物、金錢、資訊」這些經營資源上絕對是不足夠的。

從這點來看，大企業的上班族反而是比較幸運的。大企業如果想要獲得資訊，不管是對國內的創新企業或者國外的企業，只要說一聲應該就可以得到概要。「人、物、金錢」也是只要公司內部調度得宜，其所能使用的程度根本不是創新企業可以相比擬的，反倒是必須要從公司外部調度經營資源的創新企業比較辛苦。

就算是企業家也不是一開始就能做自己想做的事。企業家更需要朝向自己本來想做的事一點一滴的累積經驗。不是說大企業的上班族就沒有志向。不管是在哪個位子上應該都可以找到能保有熱情，並值得花上一輩子的志向。

為了保持熱情對人傳達

在日本應該有人會認為企業家是為了「賺錢」才工作的吧。可是如果目的只有「賺錢」的話，是無法建構出像軟體銀行這麼巨大的企業。他沒辦法能不問晝夜一直工作，這是一種晚上也要發電子郵件去國外，三餐都是一邊開會一邊吃飯的生活，甚至不能自由外出。孫正義自己以前也有這樣說過。

「對錢對食物對車子我都沒興趣了」。

這是他在二〇〇〇年底網際網路泡沫全盛期，軟體銀行身價總額接近二十兆日圓的時候所說的話。一個人實際上能用到的錢有限，就算是孫正義一天也只有二十四小時，就算是吃飯也不能一天吃十餐，一次可以對話的人也只有一個。

如果目的是錢，那就至多在賺到一百億日圓的時候不再碰工作就好了。在日本大部分創新企業的經營者都不會出現在媒體，賺到一定金額的錢後就退休的企業家更是大有人在。現在企業家的生活方式是以追求人生樂趣為前提，在國外這被認為是一種理想的生活方式。人生要在年輕時得到成功，三十歲左右就退休，在海灘過著悠然自得的生活。如果創業的目的是為了錢，過的應該就是這樣的生活吧。

可是孫正義並非只為了錢，繼續進行事業自有他的理由。據說一九七五年左右孫正義在美國留學時看到雜誌上半導體的照片時衝擊很大，心想「**人類終於做出名為電腦的產品，日後甚至有可能超越人類的智慧**」因而感動到流下眼淚。當時正是電腦開始要在民間普及的時候。

附帶一提，蘋果創辦人史帝夫賈伯斯是一九五五年出生，微軟創辦人比爾蓋茲也是在一九五五年出生。這些包含孫正義的創辦人，剛好都是在一九七五年左右分別在大學各地初遇電腦的時期，從而開始埋首研究。他們同樣是從將來還不知道會有何種轉變的電腦身上感受到了無限的可能性。

像這樣子的企業家從創業開始，就算到了現在已經成為百大企業，對未來電腦的熱情還是不減，他們絕對不是只為了「賺錢」在工作，而**利用新科技提供人們更好的服務，為社會帶來改變才是他們工作本質上的動機**。這一點孫正義也是一樣。就因為有這樣子的熱情，才能感動許多人加入了自己的事業。

無論是誰面對每天日常生活中的各種產品或服務或多或少都會有些不滿意的地方，都會有想要使用更方便、更便宜的服務，對社會問題也會想要做些什麼。不過只有自己一個人是無法解決的，孫正義就是用「志向」和熱情對這些人訴說，透過簡報訴說的過程，得以讓他的「志向」獲得許多人贊同，並加以實現。

在這些贊同者裡有用戶，也有一起合作的企業。不過不管是誰，他們都不只是單純的用戶或合作企業。在本質上來說他們都是對孫正義的「志向」產生共鳴的「伙伴」。為了擴大這個圈子，**抱持熱情述說「志向」就是孫正義簡報的根幹**。而透過簡報得到這麼多的贊同者，就是現在軟體銀行成功的原因之一。

孫正義簡報風格的訣竅

1 在簡報裡要宣言自己公司的事業、產品或服務，是可以解決人們在每天日常生活中雖然有所感覺，但卻無法解決的問題，像是「價格太貴」或「想要更方便使用」等不滿或疑問。

2 對於自己要進行簡報的事業、產品或服務，都要保持真誠和熱情的心。

3 要把自己進行簡報的事業、產品或服務當做自己「志向」的一部分說明。聽眾對「志向」共鳴後會透過「合作」或「購買」的行為，參與並共同成就這項事業。

競爭企業也是同志！

「好，就是它！一個值得讓我花上整個人生的志向。就是這個志向，我就是為此而生。為了這個志向我要花上整個人生！」

孫　正義

軟體銀行的企業理念是「用資訊革命為人們帶來幸福」。此企業理念和日本或軟體銀行當時所處的時代背景互相影響後，具體表現出來的就是「志向」。孫正義說「志向就是成事」，這句話就是在超越軟體銀行本身公司的利益，為了實現某種理念，朝向具體目標不退縮的表現。以下就隨著時間排列出孫正義當時的志向。

改變股票市場的志向

一九九九年軟體銀行和全美證券業協會（NASD）宣布將組成合資企業成立日

本納斯達克市場（現大阪證券交易所 Hercules 市場）。此時孫正義的志向是「在日本也要讓創新企業能公開募股，讓他們能飛躍成長」。另外在二〇〇〇年則買下日本債券信用銀行（現青空銀行），這時的志向是「想設立一間銀行，就算公司沒有不動產、保證人或連帶保證人等擔保，以其事業的未來性為基準，也可以融資給這些創新企業或中小企業」。接著孫正義在二〇〇一年開始了寬頻事業 Yahoo! BB，此時他的志向是「要把日本變成世界第一寬頻大國」。

雖然孫正義的志向通常是由軟體銀行企業理念導出的一面，不過其實很多時候都是從他「**想要將日本和世界的差異做些改變**」的想法而來。

一九九九年宣布成立日本納斯達克市場時，在美國有許多 IT 企業如明日之星般公開募股。例如 Yahoo! 於一九九五年三月成立，一九九六年四月在美國股票店頭市場（NASDAQ）公開募股。網路書店龍頭 Amazon.com 於一九九四年七月創業，一九九七年五月在 NASDAQ 公開募股。創業數年後進行公開募股總是非常合理，而當時在美國這些 IT 企業的身價總額都是數百億到數千億日圓。

對此在一九九五年日本從創業開始到公開募股的平均年數是三十二年，這是因為日本的股票市場對公開募股有著需要達到一定獲利水準等的嚴格要求。也就是說日本的股票市場並沒有對成長中的新企業扮演提供資金的角色。反而是事業已經成功的公司為了提昇社會評價或地位才會公開募股。

孫正義為了改變這種狀況做了簡報案訴說要成立日本納斯達克市場，並且說服了許多人。結果後來和大阪證券交易所合作創立了日本納斯達克市場。藉此名古屋證券交易所則搶在前頭創立了Centrex市場，東京證券交易所也創立了MOTHERS市場，讓股票市場之間的競爭愈趨激烈。這使得在二〇〇〇年公開募股的公司就有二〇四家，二〇〇一年有一百六十九家，二〇〇二年有一百二十四家，成為公開募股激增期。這也使得從創業開始到公開募股的平均年數大幅縮短，實現了孫正義的志向。

改變銀行業的志向

另外在買下日本債券信用銀行（現青空銀行）的時候，日本和美國的差異也同樣成為孫正義志向的原動力。在日本要向銀行貸款時必須要有擔保品、保證人或者連帶保證人，但是在美國銀行的融資制度卻完全不同，他們根本沒有連帶保證人這種要和借了錢的債務人負擔同樣能清償責任的制度。他們一般的融資方式是無追索權貸款，銀行只在債務人做為償還貸款的財產限定範圍內要求還款。

例如一家新公司從銀行調度要經營事業的資金，就算生意失敗，只要用其事業資產能負擔到的範圍還款即可，剩餘的金額可以不用償還。因此在無追索權貸款下當然也不需要經營者當保證人等等，事業風險是由融資銀行承擔，這是一種銀行審查能力相當重要的融資方法。孫正義的目標就是要改變在日本企業家必須一身承擔事業風險的融資制度。

不過結局是軟體銀行在二〇〇三年賣出日本債券信用銀行的股票並退出經營。想透過銀行經營來改變融資制度的嘗試可說是失敗。不過後來孫正義卻把這志向以借款方的身分實現，他買下沃達豐時就是以無追索權貸款的方式實施。這項收購案是日本史上最大的收購案。在全世界的M&A（合併與收購）史上也僅次於一九八九年投資公司KKR（Kohlberg Kravis Roberts & co.）買下RJR納貝斯克，規模為歷年來第二名。日本許多金融機關也參與了這次沃達豐的收購案，透過設計無追索權貸款的架構等等，得到了和外資企業投資銀行相同等級的寶貴經驗。今後一般預測日本市場還會活用這些經驗增加無追索權貸款的方式。

改變通訊業的志向

剛開始寬頻事業Yahoo! BB時，在寬頻領域方面世界上是由韓國領先。除了韓國家庭居住在集合住宅的比率較高，寬頻網路容易架構之外，也有政府積極推動等等順水推舟的環境。然而當時日本的主流是64kbps的ISDN，速度不到寬頻的數十分之一。對此孫正義抱持志向是「**要把日本變成世界第一寬頻大國**」，成立了Yahoo! BB，並在寬頻事業成功後，將事業領域拓展到市內電話、行動電話。

為自己的志向作簡報

如同前面所說，**孫正義經常都是用簡報大大的對社會提出自己的看法後，再大大地向前跨一步**。只要看了孫正義的簡報贊成的意見自然就會擴散到人與人之間。孫正義的簡報內容有效地捉住了每個人心裡覺得「這樣好奇怪」或「想做些事」的心情。例如沒有連帶保證人就借不到錢，不能開始做生意；或是生意失敗就必須要妻離子散這種每個人都曾感到過很奇怪的事，而且就算想改變這些「不合理的事」，也會因為沒有施力點只好選擇放棄。

孫正義把這些「奇怪的事」當做問題重新檢視，並把它當做軟體銀行的事業內容提出具體解決方案。如此得到社會上支持後，既有的大企業、組織也就不得不跟著行動了。因為在市場上還未產生任何漣漪的時候，這些組織都是以不變應萬變的態度。不過等到軟體銀行加入市場開始有利可圖的時候，就有可能變成他們的責任問題。儘管不願意，但為了要防止對方攻擊也只好跟軟體銀行站在同一個土俵（相撲力士比賽用的擂台）內對抗。這就是孫正義的簡報一直以來都能強力推動社會的重要原因。

除此之外，這志向的影響並不僅止於人與人之間或者軟體銀行這一家公司，同時也巨大影響到在軟體銀行加入業界之前態度高高在上既有的大企業與組織。例如在寬頻業界軟體銀行和 NTT 東日本、NTT 西日本、eAccess 等展開了激烈的地區覆蓋率和價格競爭。借孫正義的話來說就是「以 NTT 東西日本、eAccess 也在推寬頻這點來看，不知不覺間他們也成了我們的『同志』」。這是指這些公司在孫正義「要把日本變成世界第一寬頻大國」的志向上，意外形成共同協助的情形。以這種角度來說，在創立日本納斯達克市場的時候，東京證券交易所和名古屋證券交易所也都成為孫正義意想不到的同志。站在宏觀視點來看，與其只有軟體銀行一家公司來做，倒不如讓每家公司共同競爭在切磋琢磨下所做出市場，反而更能接近與達成孫正義所說的志向。

孫正義簡報風格的訣竅

1 所謂的「志向」是指，在其時代背景或社會情勢之下，進一步找出在不遠的未來應該要實現的具體目標與願景。

2 對人們說明訴說「志向」的同時，最好能在簡報裡比較本國與外國的事例，讓問題點明確，並在簡報裡針對問題點提出具體對策。

3 站在達成「志向」的宏觀角度來看，就連其他競爭企業也會成為共同努力的「同志」。對公司來說，保護自己公司的利益固然相當重要，不過如果是由複數企業互相競爭、切磋琢磨之下，反而可以更快達成志向。

做簡報的過程要有互動

「人生中感到最幸福的事是什麼？」

孫 正義

孫正義在二〇〇九年六月二十四日的股東大會上宣布「在明年的股東大會上，我會發表下一個三十年的願景」。這就是製作「軟體銀行新三十年願景」的大號令。接著在二〇〇九年十二月二十四日耶誕夜當晚，孫正義在推文上寫道「明年是我們公司創業三十年。我在今年的股東大會上宣布，在明年六月的股東大會上我要秀出下一個三十年的願景。我想讓人們在二十一世紀的生活型態可以更加豐富快樂。我想加入各位和我有共同志向者的意見，請寫在推文內。孫正義」。

接著孫正義又在推特上寫推文問道「人生中感到最幸福的事是什麼？」回答的

有「每天都活著」、「自我實現」、「愛與被愛」等等數千條推文回覆。另外他也問道「人生中最悲傷的事是什麼？」對此則有「身旁的人去世」、「孤獨」、「絕望」等等回答。孫正義通過推特發出這兩條問題的理由，是因為有必要再深入探討軟體銀行的企業理念。

另外進入二〇一〇年後，在軟體銀行集團內部開始熱烈談論關於「新三十年願景」。從年輕員工到幹部之間都在積極的討論。接著二〇一〇年六月四日，軟體銀行集團各公司的CEO召開討論會議。六月十日則從集團內各公司選出願景，進行了最後一場簡報大會，這場簡報發表會孫正義當然也有出席，各發表人員都是滿懷熱情參與。

在蒐集集團內外的「智慧和知識」後，二〇一〇年六月二十五日「軟體銀行新三十年願景」終於整理完成，並在東京國際論壇大樓召開的定期股東大會發表。這份簡報的投影片共有一百三十五張，發表時間超過二小時以上，成為一場大型的簡報秀。

在這份簡報內集合了集團內外各種意見。首先簡報內整理了回答孫正義問的兩個問題「人生中感到最幸福的事是什麼？」、「人生中最悲傷的事是什麼？」的推文。另外簡報內也有加入由軟體銀行集團各公司員工所提出，對機器人的願景、進軍世界的願景等等。進行這些動作的目的並不只是要提昇簡報內容的品質，在擬簡報案的過程中蒐集各方面的意見，可以讓「軟體銀行新三十年願景」不只是屬於孫正義一個人的，而是多數人共享的願景。

孫正義簡報風格的訣竅

1 在擬簡報案的過程中，如果能從推特的追隨者等人身上蒐集意見，更能增加簡報的說服力。

2 製作簡報案時讓公司內各式各樣的人參與，蒐集整理他們的意見，方可讓簡報本身變成多數人共享的成就。

第4章

影響簡報成功與否的四項準備

製作簡報前的準備

「孫正義製作簡報的投影片沒辦法事前提供。」

軟體銀行社長室的鐵則

通常簡報會上都會有一定的規矩。例如簡報本身時間的限制、回答問題時間的限制、有沒有要分發的資料等。像這些簡報會上的各式各樣規矩，如果自己是主辦單位的話可以自行決定，並事先想好要如何訂定這些規矩，就算自己不是主辦單位，而是應邀參加進行簡報的場合，也有必要遵守事先已經設定好的規矩。如果不遵守規矩，就算內容再怎麼好，相信會場的聽眾也都會留下不好的印象。

例如簡報不可以拖延時間，讓會場的聽眾無法準時趕去下一個行程而遲到；或是進行簡報時間太長，結果沒有時間回答聽眾問題。**為了避免這些事情發生，重要的就是要做好「製作簡報前的準備」。**

首先需要知道的是自己進行簡報時會在一張投影片上花多少時間。進行簡報通常都會有時間限制，重要的是要先思考在規定的時間內要做幾張投影片。

孫正義簡報投影片的張數非常多，花在一張投影片上講解的時間少，投影片會一直變換。例如「軟體銀行新三十年願景」的簡報時間就花了2小時6分鐘，用了一百三十五張投影片，大約是1分鐘一張投影片的速度。在二〇一二年三月期第一季的財報說明會上，也是在1小時39分鐘內用了八十張投影片，同樣大約是1分鐘一張投影片的速度。孫正義有辦法用這種速度說明一張投影片，是因為每一張的訊息都很明確，再者內容是以說明軟體銀行集團全體願景和業績，資訊量大，所以也有必要加快簡報速度。

這個速度就是孫正義進行簡報的速度。因為孫正義用這個速度配合簡報說話，所以變換投影片和講話的速度會取得平衡。不過不是每個人都適合用1分鐘一張投影片的速度，應該要從過去自己進行簡報的實績來算出自己一張投影片要講多久的基準時間。例如如果十五張投影片花了50分鐘，那麼3分多鐘就是自己一張投影片的基準時間。就像孫正義的基準時間是1分鐘左右，有的人是2分30秒、或者3分鐘，每個人都有他的基準時間。重要的是做投影片時首先要知道自己花在一張投影片上的基準時間。

一般據說商業人員進行簡報時花在一張投影片上的時間平均是3分鐘左右。不過如果在聽眾和進行簡報的人不是從事同一種行業，或者是進行簡報的對象是學生等情況時，一張投影片花4分鐘以上慢慢仔細的講會比較好。孫正義也會對學生進行簡報，這時候說明投影片通常都會比平常講得更慢、更仔細一些。

像這樣知道花在一張投影片上的基準時間後，接下來就是決定如何將規定時間分配給簡報時間和回答問題時間。例如規定時間是1小時，要分配給簡報的時間為40

分，分配給回答問題的時間為20分，而一張投影片的平均基準時間是3分鐘，那就必須要製作大概十三到十四張的投影片。

不事先分發參考資料

決定好投影片張數的同時，接著需要確認是否要分發參考資料。有時主辦單位會自己先分發參考資料，不過這樣一來有可能讓簡報的效果減半。假設簡報裡有設置回答問題的時間，觀眾只需要看參考資料就知道答案，那麼回答問題的時間就不會有太大效果。

另外如果先分發參考資料，就會有人覺得只要看參考資料就好，反而不會注意聆聽進行簡報人員所講的話。人類沒辦法同時平行處理許多資訊，如果事先分發參考資料，就會變成要同時處理簡報人員說的話、投影機的畫面、參考資料這三項資訊，要同時處理這三項資訊相當困難。另外還有一種是因為怕聽漏簡報內容，而集中精神只顧著在參考資料拼命做筆記的人。做筆記本身並不是一件壞事，不過如果太過集中就會讓會場的人們變成「負責聽的人」，進行簡報人員變成「負責說的人」。這種情況如果太過明顯就會讓會場的聽眾變得被動，沒辦法主動去享受簡報內容。

為避免這種情形，**參考資料可在簡報結束後再分發會比較好**。如果自己不是主辦單位的時候，也不要忘記事先拜託或提醒主辦單位，參考資料等簡報結束後再分發。

另外一個不錯的方法就是把進行簡報過程的影片放在網站上，參考資料也放上去讓大家可以下載。若要這樣的話請記得在一開始進行簡報的時候，就和會場的聽眾說「這場簡報的過程會以影片的方式公開，另外資料也會放在網站上」。這樣一來會場的聽眾就可以放心的將精神集中在簡報上。以軟體銀行來說，在財報說明會或股東大會上進行的簡報過程通常都會用影片的方式公開，也會用網路分發資料。只要活用網路，不只能讓實際有來聽簡報的人重覆觀賞，透過網站也能讓日本或全世界的許多人看到展示的過程。雖然因為會場規模有大有小不能一概而論，不過在網站上觀看孫正義簡報的人數通常都是來場人數的10到20倍。

如果因為主辦單位的緣故沒辦法做到如此公開的時候，也應該要和事務人員商量，找尋其他方法。如果是企業或大學的話會有區域網路；如果是一般會員制組織的話，也通常會設置只有會員才能登入的網站。透過這些方法和環境應該都能讓符合資格的人看到過程。

事實上，要發給來場人員的參考資料並不只限於簡報裡實際上有使用的資料。除了投影片的內容外，要分發的資料也可以加上口頭整理出來的要點。另外像一些數據，在進行簡報時總是沒辦法將一些細膩的數字加到內容裡，所以可以把這些數字加到要分發的資料內，或許對來場人員以後需要參考使用時會有幫助。另外如果之前有印一些公司宣傳資料的小冊子，也可以在這時候派上用場，把它放到要分發的資料內。例如 IT 業界常會以現在業界的趨勢為中心進行簡報，在這時候一般都會把自己公司內符合這些趨勢的產品簡介放到資料裡面分發。這些簡介、宣傳資料不僅能讓來場人員對產品有更深一層認識，有時候要放在公司內供大家取閱時也方便派上用場。

孫正義簡報風格的訣竅

1 要在規定時間內順利完成簡報，必須先算出平均需要花在一張投影片上介紹的時間。平均需要時間可以從以前的簡報實績算出來。

2 為了讓來場人員可以集中在簡報上，最好不要事先分發參考資料，但可以考慮將進行簡報的過程影片放到網站上，或是提供相關資料供人下載。

3 除了投影片的內容外，還可以將追加的各種資訊放在要分發的資料內。這是一個讓來場人員可以有更深一層認識的好方法。敘述重點、詳細數據、既有的宣傳簡介等各種資料，都可能會在日後派上用場。

要注意進行簡報的環境！

「進行愈重要的簡報，電腦就愈容易當機！」

軟體銀行社長室的鐵則

在軟體銀行的社長室裡有一個魔咒「電腦都會挑孫正義要進行重要簡報的時候當機」。筆者自己也曾經遭遇過在很多人聚集的大規模會場，在報導媒體都已經到場正要進行簡報的時候電腦當機。

「事件」是發生在一個活用寬頻網路，可以線上收看影片的服務發表會上。就在孫正義進行簡報裡最重要的環節，實際展示線上收看影片的過程中電腦當機了。不用說，筆者當時一定是臉色鐵青。後來是靠著孫正義的臨機應變，還好沒造成什麼重大影響。可是如果當時走錯一步，難得的新服務發表會可能就泡湯了。

在公司高層使用電腦的簡報會上電腦當機，對IT企業來說是非常丟臉的。這雖不是發生在軟體銀行，不過據說在某家IT相關企業內，曾有高層在一年一次召集全國幹部與客戶的簡報會上，因為電腦當機而開除了兩名員工。

像這種意外就算事前確認過再多次，卻還是不知道為何常常在正式來的時候發生，也不清楚會發生這種意外的原因。不過當時在軟體銀行的社長室一般是認為，愈重要的簡報，電腦就愈會當機，「這個魔咒會不會是因為投影機等機械器材，受到手機產生的電磁波所影響？」這個想法就和飛機會受到電腦或手機電磁波影響的道理一樣。如果真是這樣，那麼在規模愈大愈重要的簡報會上，電腦就愈會當機倒也有它的合理解釋。

無論如何，我們無法預測這種電腦狀況突然變差的情形。為了避免電腦當機這種緊急事態突然發生，只有事前好好的檢查電腦是不夠的。因為不管事前準備的再妥當，我們還是要有一定程度去預防電腦狀況可能說壞就壞的變化。因此**事先準備兩**

台電腦，並同時存入簡報資料是有必要的。如此一來就算其中一台狀況不好也可以隨時交換，這樣比較讓人放心。軟體銀行也是在股東大會等重要的簡報會上，經常會再準備一台備用電腦。

另外如果自己不是會議的主辦單位，而是擔任來賓應邀進行簡報的時候也要留意。就算事前把簡報檔案用電子郵件寄給主辦單位，請他們事先安裝的話也不能太過安心。特別是簡報檔案裡有使用Adobe Flash的影片，或者檔案裡有連接到網路的連結時更是需要注意。如果在那台電腦內沒有安裝可以播放這些音軌或影片的軟體，或者電腦規格不夠、網路連不上、網路速度太慢等等，總總情形都有可能搞砸整場簡報。

為了避免這種意外發生，在進行簡報前一定要好好確認電腦軟體和網路環境。最近因為高速網路都普及到飯店內，所以這種事已經很少發生，不過大約在十年前孫正義要在簡報內展示活用寬頻網路的各種服務時，相關部門的一大工程就是要準備負責把寬頻線路牽到飯店內。

以這幾點來看，還有一個方法是早點去會場，然後先行確認主辦單位方面的電腦軟體或網路環境。不過關於電腦最讓人放心的方法，還是帶一台自己存入的簡報資料、已經確認過動作的電腦去。至於網路環境也是早一點去事先確認比較好。就算是進行簡報也是「**多算勝，少算不勝**」的道理。

簡報用的遙控器可以讓人更自由

可以讓投影片翻頁的遙控器，可說是進行簡報時的一項重要工具。**孫正義在進行簡報的時候一定會用到遙控器**。只要有用遙控器，進行簡報人員的手就可以自由活動，甚至可以在舞台上來回走動。如果是自己公司舉辦的簡報會，當然更應該準備遙控器。不過如果自己不是主辦單位的時候，就要先確認能不能使用遙控器。

在進行簡報時遙控器是一項非常有用的工具。遙控器的機制是把接收訊號的部分插在電腦的 USB 孔上，讓遙控器在手邊就能操作，同時也是具有可以指示投影片的雷射筆功能。遙控器的價格通常在五千到七千日圓，並不算太貴。

最近還有一種使用iPhone App的遙控器。只要用iPhone下載App，再把軟體安裝在電腦上，iPhone就能馬上變成一支可以將投影片翻頁的遙控器。需要的網路環境和一般手機一樣，用3G或WiFi的網路都沒問題。安裝和設定也很簡單。啟動安裝在電腦上的軟體後螢幕上會顯示五個字母，只要把這些字母輸入到iPhone，就可以在進行簡報時把iPhone當做遙控器使用，和遙控器實物比起來真是既便宜又方便。

另外**孫正義在自己公司舉辦的簡報會上，都是使用領夾式無線麥克風**。使用領夾式無線麥克風自有他的好處，如果使用手持式麥克風，一定會造成有隻手必須放在嘴邊的情形。這樣一來便不能自在的做出肢體動作，也不能隨意的在舞台上走動，進行簡報時也就難以傳達自己的熱情。因為要把麥克風放在嘴邊，手臂姿勢自然就較為封閉，所以會有缺乏躍動感、開放感的一面。

燈光的照射方法

注意會場燈光的照射方法也是相當重要。在孫正義進行簡報時，有時會把舞台的燈光關閉，用聚光燈照在孫正義身上。這效果是把投影片的螢幕和舞台的黑暗當做背景，讓孫正義本人可以被看得更清楚。這樣做當然就是希望來場人員可以再提高對孫正義的注意程度。這是非常重要的一點，因為在簡報會上投影片不是「主」，進行簡報的人員也不是「輔」；務必要做到進行簡報人員本身為「主」，投影片為「輔」才可以。

在日本特別是在會議室裡進行簡報時，都會關掉燈光讓房間變暗。這麼做的理由原是因為從前投影機的輝度（流明度）較低，在燈光太亮的環境下很難看清楚投影片，所以習慣關掉燈光。可是現在的投影機通常輝度都相當充足，已經沒有關燈的必要了。如果關燈反而看不到進行簡報人員的表情或肢體動作，簡報人員也會看不到聽眾的表情。這樣一來，進行簡報的人員就不能依據聽眾的理解程度，調整簡報速度或說話的語氣，導致進行簡報的人員無法順利地帶動會場聽眾進行溝通。關掉燈光的結果只會讓不打算聽簡報，想要打瞌睡等言行欠佳的人得到好處而已。

像這樣仔細注意要進行簡報的環境是相當重要的。這些需要細心的部分雖然和簡報的內容無關，但只要有心，不怕麻煩誰都可以做得到。如果事先注意進行簡報的環境就可以讓簡報的失敗率降低，增加簡報效果的話，那這麼肯定就是有它的意義和價值的。

孫正義簡報風格的訣竅

1 事先需確認會場的網路環境，或者安裝在電腦裡的軟體等等。為了預防電腦突然當機，多準備一台備用電腦也是相當重要。

2 使用簡報用的遙控器可以讓進行簡報的人員離開演講台，自由的在舞台上走動。不要用手持式麥克風，儘量使用領夾式無線麥克風會比較妥當，因為適時地在舞台上走動，與自然地擺動雙手做出肢體語言相當重要。

3 不要關掉會場的燈光，因為在簡報會上是以進行簡報的人員為「主」，投影片為「輔」。透過進行簡報人員臉上的表情，或肢體語言所發出的訊息無可替代。另外進行簡報的人員也有必要知道聽眾的表情或整體氣氛，如果不能辦到這些，進行簡報人員和聽眾之間的溝通就會產生障礙。

使用可以抓住人心的「小道具」！

「這間房間的輻射量是0.1微西弗。」

孫　正義

二〇一一年四月二十日，孫正義在東京宣布成立「自然能源財團」，就在簡報會一開始的同時孫正義就站起來，拿出身上帶著測定輻射量的蓋格計數器說道「我是孫正義。**其實我24小時身上都帶著這個走。這間房間的輻射量是0.1微西弗**」，接著開始他的演說。會場在這一瞬間，注意力就完全集中在孫正義身上。

孫正義之所以在開始演講前實際測量了那間房間的輻射量給在場人員看。這是為了提醒在場人員，就算是在東京，輻射威脅也依然存在，同時帶給所有人一個必須要從核能轉換為自然能源的強烈印象。

孫正義為了抓住聽眾的心，有時會在進行簡報時使用一些「小道具」，就像在這次演講時用了蓋格計數器一樣。

到後來就像是軟體銀行本業的行動通訊產業上，當然少不了各種行動裝置都會被拿來當做「小道具」有效果的宣傳使用。例加孫正義就曾經在財報說明會上，手上拿著 iPhone 3G 確認棒球比賽結果、看漫畫、演奏打鼓的樂器 App、打算盤給聽眾看等等。大約有十分鐘的時間孫正義毫不遲疑的進行實機展示，帶給了所有人 iPhone 3G 動作快又方便的強烈印象。

接著孫正義對 iPhone 帶來的價值發表評論，他說道「用了 iPhone 以後我的人生觀改變了，每天都很快樂。」「我去國外出差的時候，一次也沒打開筆記型電腦。在飯店也不用再辛苦的把網路接上筆記型電腦。就算在坐車也能上網，效率提昇了許多。」

孫正義知道像這樣使用「小道具」就是最有影響力的溝通方式。在當時有一部分的意見是說 iPhone 3G 的瀏覽器會經常當機等等。對於這種新的 IT 產品、服務，會有懷疑的意見出現自是理所當然的，因為不能用既有的產品來類推與判斷這些產品服務的品質。而且只要是產品、服務愈新，也就會常有動作比較慢，或者當機不能動的狀況發生。

像這樣使用者對新產品、服務都會有不放心或不想接受的感覺之下，如果這時只是口頭上說「用了 iPhone 以後我的人生觀改變了，每天都很快樂。」、「我去國外出差的時候一次也沒打開筆記型電腦，在飯店也不用再辛苦的把網路接上筆記型電腦，就算在坐車也能上網，效率提昇許多。」即便說了再多使用者也不見得會相信，說不定還會有「只是嘴上說說不能相信」的印象。

對此如果能夠實際操作產品進行實機展示，先抹去使用者的不放心和不想接受的感覺後再來聽評語，自然就會發揮它的功能。為了顯示新產品、服務在個人生活方式及商業上帶來的總總價值，就必須先進行實機展示才能期待會有這樣的效果。

其實利用這種「小道具」發揮最大規模的溝通方式是在二〇〇二年Yahoo! BB進行的ADSL服務宣傳活動上。軟體銀行在二〇〇一年進軍ADSL業界，所謂的ADSL服務是使用既有的電話線，提供高速頻寬的網路連接服務。當時通訊業界一般認為ADSL只是從撥接到光纖之間一種過渡且小規模的服務。最大的理由是因為使用的是既有的電話線，所以NTT機房的距離會影響通訊速度，如果是離NTT機房很遠的距離，很可能就不能裝。另外周邊環境也會造成影響，譬如用戶家裡如果有裝對講機或者附近有高速公路的話也有可能發生問題，就是因為有這些林林總總不確定的因素，所以才被視為轉換成光纖前一種過渡且小規模的服務。

反過來說，就因為是這樣子的服務，軟體銀行才有加入市場的機會。不過在軟體銀行加入後一年，也就是二〇〇二年開始出現申請安裝的用戶數停滯不前的煩惱。因為此時利用軟體銀行集團入口網站Yahoo! BB宣傳，有IT知識、先進不害怕風險的用戶層都已經加入，申請安裝完畢了。為了讓服務有更多人使用，只抓住這些先進用戶層是不夠的，有必要再進一步擴展到一般用戶身上，而且還必須儘快跨越存在於早期採用者與早期大眾的缺口，為此被派上用場的就是「陽傘活動」。

所謂的「陽傘活動」就是在車站、街頭、家電量販店等地立著 Yahoo! BB 代表色的紅色洋傘，行銷人員以此處為基地將裝有 ADSL 數據機的紅色紙袋發給民眾「免費試用」的活動。軟體銀行透過這個「陽傘活動」在 ADSL 事業上獲得了超過五百萬人的用戶。雖然同時也發生了一些像分發出去的數據機被丟到垃圾桶裡，或者一些經銷商宣傳做得太超過而引起客訴的弊端。

不過透過「陽傘活動」分發數據機「免費試用」成為了一種非常有力的溝通方式。對使用者來說雖然要辦手續多少會有一點麻煩，不過金錢上沒有負擔，又可以嘗試到新服務，當然都會躍躍欲試。通常要購買新產品或使用新服務時，在金錢上難免有所考量，所以一般也會先看雜誌收集資訊評估是否真的划算，再者去問對 IT 相關產品服務比較熟悉的朋友。但這是出於一開始安裝 ADSL 需要花錢的情況下，使用者當然會像這樣事先去收集資訊。可是關於 ADSL 就算再怎麼收集一般資訊還是不夠普及，因為每一個使用戶對 NTT 機房的距離或環境畢竟都不盡相同。

因此這時候 ADSL 就需要提供「免費試用」的數據機。只要裝上這「免費試用」的數據機，再接上從 NTT 最近機房內過來的既有電話線，就可以在自己家裡實際的體驗到寬頻服務。如果能因此直接感覺到寬頻和撥接完全不一樣的連線速度，當然就會想要加入 ADSL 的服務。這就是孫正義瞄準的「免費試用」數據機的效果。就算在電視廣告再怎麼宣傳、再怎麼努力廣發傳單，都還是遠不及實際在自己家裡安裝環境「免費試用」。

開始一項新服務，為了不讓它停滯在一部分的先進用戶，必需儘快抓住一般使用者，並將它培養成可以一口氣改變社會潮流的商品，這時適時地運用「小道具」將會發揮強大力量。

孫正義簡報風格的訣竅

1 進行簡報時如果能在機器操作與「小道具」的使用過程中加以說明，對於提高聽眾注意力會非常有效果。特別是新產品、服務等難以從過去經驗推測的事物，比起直接用口頭描述會更有說服力。

2 光用「小道具」進行實機展示還不夠。不僅要讓聽眾看到數字或動作，重要的是配合簡報流程適時地加上它的意義或價值，並且對聽眾說明這些意義與價值。

3 在新商品、服務的市場內為了不讓它只停在一部分喜歡新東西的先進用戶上，要進一步獲得更廣大的使用者時，利用「小道具」進行實機展示是非常強力的方式。

在簡報內活用影片！

「資訊技術飛躍性進化帶來的是療癒悲傷與絕望。人與人之間可以得到共鳴、互相連繫。這是一股可以分享感動，成為喜樂泉源的嶄新力量。

『Information Revolution』用概念影片的方式，表現了對資訊革命的期望。」

軟體銀行「Information Revolution」介紹網站

孫正義會在簡報的一部分積極活用影片。在二〇一〇年六月進行的「軟體銀行新三十年願景發表會」上，孫正義尚未站到舞台前，發表會一開始就先放映了一部影片，影片內容整理了製作此三十年願景的過程。這部影片是從二〇〇九年六月二十四日孫正義在股東大會上宣布「在明年的股東大會上，我會發表下一個三十年的願景」的影像開始，整理了集團裡從新進員工到幹部之間熱心討論的樣子。因為這部影片，讓在會場的人們看到「整個集團花了長達一年時間製作新三十年願景活動」的景像。

另外在這「新三十年願景發表會」最後也是以影片做結束。這部影片用簡單淡色調的插畫和旁白表現出軟體銀行的企業理念。影片名稱是「We」，內容是很多「I」聚集在一起成為「We」之後，一起改變世界前往更好的方向。這段影片的內容和孫正義自己在簡報最後一張投影片使用的少女照片也有相關性。孫正義用這照片想傳達的訊息是「希望在地球另一側，甚至我們不知道叫什麼名字的小朋友也能夠得到快樂」。**影片「We」就和這份訊息相關，可說扮演了孫正義簡報最後集大成的角色。**

還有其他傳達軟體銀行企業理念的影片。影片名稱叫做「Information Revolution」。孫正義在簡報前後也用了這部影片。影片內容是一位身穿黑色衣服的男性，走在歐洲古城和像大海一樣寬闊的麥田裡，訴說數位資訊革命的意義。影片隨著訴說內容，顯示了現實上會遭遇到的困難和數位資訊革命所帶來的未來。在這段影片裡兩位小朋友看著這份未來藍圖的眼神令人印象深刻。這段影片也被用在剛才提到的「新三十年願景發表會」，它的概念就如同下列敘述，深入淺出解釋了軟體銀行的企業理念。

「何謂資訊革命。資訊革命會對人類、社會帶來什麼？為什麼我們會高舉『讓資訊革命對人類帶來幸福』？資訊技術飛躍性進化帶來的是療癒悲傷與絕望。人與人之間可以得到共鳴、互相連繫。這是一股可以分享感動，成為喜樂泉源的嶄新力量。『Information Revolution』用概念影片的方式，表現了對資訊革命的期望。」

只要讀了上述概念就能知道，為了將孫正義的簡報內容更深一層的傳達給聽眾，這段影片也成為了一個非常有效的宣傳方式。

不只是企業理念，財報說明會、股東大會、座談會等等也都透過網路公開影片。例如二〇一一年六月二十四日孫正義和音樂製作人小林武史在東京國際論壇大樓（東京都千代田區）召開「自然能源論壇」。在這論壇會場聚集了三千人，同時也透過 Ustream 和 niconico 動畫現場直播，收看人數多達七萬人。經由網路收看這次論壇的觀眾人數更是超過來場人數30倍以上。現在只要使用 Ustream 或者 niconico 動畫這種影片網站的服務，就可以輕易讓每個人觀賞到影片。

再者，除了像這樣可以即時觀看現場直播的活動情形外，也有可以隨點隨看上傳到網站影片的方式。在軟體銀行公司的官方網站隨時都可以看到介紹軟體銀行企業理念的「Information Revolution」和「We」。不僅如此，這些影片也有上傳到 Youtube 等影片服務網站。只要像這樣上傳影片到網站上，就可以讓每個人不論在什麼時候都能收看。

在現代，簡報已經不只是對當時在現場的人傳達訊息而已。簡報可以通過網路不受空間和時間的限制，對所有收看的人訴說訊息。而出現在這些簡報上的資訊，也會透過推特等其他工具急速擴散。透過這些方式傳遞，比起只有在當下或者現場才看得到的簡報，可說是具有好幾倍的影響力。進行簡報的人員要如何把影片放到簡報裡面，又要如何把進行簡報的過程做成影片，儼然已經成為現代簡報中一個重要的思考環節了。

孫正義簡報風格的訣竅

1 在簡報一開始使用投影片來播放影片，可以吸引聽眾的期待，有一口氣提高注意力的功能。

2 將簡報「訊息」具像化，用放映影片的方式可以讓「訊息」更容易烙印在聽眾心裡。

3 可以考慮將簡報的過程影片上傳到網路上。這有可能可以讓超過現場聽眾10倍以上的人看到簡報。

附錄
操作簡報軟體的技巧

看過這本書後如果有讀者想用孫正義的簡報風格製作投影片，說不定會在製作簡報軟體的使用方法上遇到挫折，這可能是因為太過習慣以前到現在逐條寫出有條理的階層形式。在此將會以製作簡報軟體中最為普及，也就是微軟的 Office PowerPoint 和 Excel 來說明如何做出有震撼力投影片的一些基本軟體操作技巧。

PowerPoint 從 2010 的版本開始搭載了很多方便製作具有視覺效果投影片的功能。雖然市面上有很多教導使用 PowerPoint 的書籍，不過大部分重點都不是放在本書內所提到的投影片樣式。這些書籍執筆的前提大部分都是以教導如何製作傳統逐條寫出有條理階層形式的投影片為中心。

另外筆者在此推薦要製作投影片的讀者一定要把 Office 的版本升為 2010。如果沒有特別記載，下面的內容都是針對 Office 2010 的說明。

(1) 移除背景！

要在投影片貼上照片時，會因為貼的方法不同而帶給人很不一樣的感覺。很多時候我們都是將照片直接貼在文字「訊息」的旁邊，不過這樣很難成為有震撼力的簡報，因為照片裡經常包含許多像背景這種不必要的資訊。因此如果直接貼上照片，為了不要讓它和文字重疊，照片一定會變得很小。結果就造成看到很多不必要的資訊、照片又小，變成一張沒有震撼力的投影片。

為了避免這種情形發生，最好的方法就是移除照片的背景。要移除照片背景不需要什麼特殊的圖片處理軟體，這項作業可以用我們慣用的 PowerPoint（不過版本是從 2010 以後開始）就辦得到。在 Office 系列的 Word、Excel、PowerPoint 裡面都有移除背景的功能。

首先，先在投影片上貼上要用的照片。接著點選這張照片，指定它成為我們作業的對象。被指定的照片邊緣隨處會有白白小小的○和□出現。在畫面上方的標籤內會有個被紅線框住，寫著「圖片工具／格式」的索引標籤，只要點選「格式」原本在畫面上方的各種功能按鈕就會更換，在左邊會出現「移除背景」的按鈕。

按下這個鈕，電腦就會自動移除畫面上以粉紅色顯示的地方，不過有時候會有把我們想留下來的地方也一起移除的情形。例如常有想把人物全身從背景剪下，結果卻因移除太多，畫面上只剩下人物身上穿的夾克類似情形產生。不過遇到這種狀況也不需要慌張，修正的方法很簡單。

移除背景後的照片裡面會有幾個○和□。如果要剪下人物全身只要把○和□覆蓋住的範圍拉大就可以。○和□覆蓋住的範圍大概就是要剪下的對象範圍。相反的如果這時候有剪到不需要的地方，只要縮小這個範圍即可。另外如果要當做背景處理的地方弄錯，只要變更剪下的範圍即可。例如以剛才的例子來說，假設我們只要剪下臉部，卻不小心連上衣也被剪下來，這時只要移動○和□調整範圍就能不碰到上衣，簡單的把臉部剪下來。

很多時候做到這邊就可以把我們想要的地方剪下。不過有時會因為一些細微的凹凸，讓我們沒辦法好好剪下。這個時候還有一個可以進行微調的功能。按下「背景移除」鈕就會出現一個「+」和一個「-」的按鈕。「+」是「標示區域以保留」，「-」是「標示區域以移除」的按鈕。只要移動鉛筆形狀的滑鼠游標指定範圍，按下需要的功能鈕，就能選擇是要保留或是移除。做到這個步驟應該就能剪下我們想要的部分。

(2) 將逐條寫出的階層形式變成圖標的簡單方法

為了避免在簡報上出現條列形式的最好方法，就是將這些一條一條的內容分別作為具有意義的圖標（icon）。用視覺方式製作顯示訊息，會比逐條寫出來得更具強烈。

以前要用 PowerPoint 做樣式圖標非常麻煩。不過現在只要用 PowerPoint 裡面填滿快取圖案的功能就可以做得到。這功能的操作方法只要習慣就非常簡單，使用這項功能可以做出代替逐條寫出的階層形式，非常容易讓它成為一張具有震撼視覺效果的投影片。

這項功能不只有在PowerPoint 2010，在2007也有這項功能。通常先選擇快取圖案，畫出圓或四角等圖形。接著選取這個圖形後按右鍵，就會出現一些圖標的功能選單。在圖案填滿（它的圖形是一個水桶）圖標右邊的▼按一下滑鼠，就會出現下拉式選單。在這個下拉式選單中點選「圖片（P）」這個選項，就會以檔案總管的方式顯示圖片檔。在這裡面選擇需要的圖片後，它就會被貼到一開始畫出來的圖形裡面。

這個時候要注意的是長和寬的比例。貼上圖片時電腦會依據圖形的長寬比率自動調整照片的長寬比。如果照片的長寬比和圖形差很多的時候，照片就有可能變得很狹長或很扁胖。為了避免這種情形，可以事先製作調整好照片長寬比的檔案。

這項作業並不難，只要用Windows裡面內建的附屬應用程式小畫家就可以辦到。先用小畫家打開加工前的照片，再配合要貼上圖標的長寬比指定範圍，複製後開新檔案再貼上，然後另存新檔。接著要貼照片到圖形裡面時，只要在PowerPoint裡面選擇這個修正過的檔案就大功告成了。

(3) 簡化圖表！

Excel的標準格式有太多不需要的資訊，也不好看。因此在軟體銀行的簡報裡都會刪去不要的資訊，做出簡單而有震撼力的圖表。

在這邊要說明將一般格式的直條圖變成簡單樣式直條圖的作法。首先依照一般Excel順序做出圖表，先選擇想要做成圖表的數據範圍，點選「插入」標籤。接著再從出現的幾個內建圖表的種類中，按下想要做的圖表類型的鈕。這樣子就完成了一般格式的圖表。

接下來在圖表的背景部分按滑鼠兩次，這樣就會跳出圖表區格式的設定畫面。點選在設定畫面左邊選項中的「框線色彩」，選擇「無線條（N）」後點選「關閉」。這樣一來圖表的框線應該就會不見。

接著要拿掉從縱軸往旁邊延伸出來的格線。首先任意點選一條顯示在圖表中的格線。如果有點選到的話，在這條格線兩端應該會出現小小白色的○。在點選右鍵後出現的選單內選擇「刪除（D）」，這樣子圖表上的格線就會消失了。同樣的，縱軸也要刪除。點選縱軸旁邊數字和縱軸之間的空白，如果有成功點選到縱軸，縱軸兩端也會出現小小白色的○。接下來再進行和刪除格線時同樣的動作，就能把縱軸刪掉。

作業進行到這邊應該會發現圖表上的餘白太多，直條圖太細所以震撼力不足。會這樣的原因是因為圖表上直條和直條之間的間隔過大。為了要解決這個現象，接下來就是要把直條和直條之間的間距縮小。

要進行這項動作，首先把滑鼠游標移到任何一個直條上，按一下左鍵後，在選取的直條四周就會出現白色的○。接著按左鍵兩下就會出現「資料數列格式」的畫面。在畫面內有一條「類別間距（W）」的橫桿，只要把這條橫桿游標往左邊「無間距」的方向拖曳，直條和直條之間的間隔就會縮小；往右邊「大間距」的方向拖曳，間隔就會變大。將橫桿游標拖曳到適當的位置後點選「關閉」，這樣一來直條和直條之間的間隔應該就已經變小了。如果間隔還是很大，或者反而變得太小的話，就再重覆上面的動作。重覆幾次以後間隔應該就會變得剛好，這麼一來圖表上餘白太多，直條太細的問題就解決了。

為了讓圖表能再好看一點，接著來看可以改變直條顏色和把顏色加上層次的方法。首先按滑鼠左鍵兩次選好直條，按一次右鍵後就會出現兩個畫面選單。點選上面選單下方中央水桶圖標「圖案填滿」右邊的▼，就會出現可以選擇、調整顏色的畫面。接著把滑鼠游標移到喜歡的顏色上按一下左鍵，圖表顏色就會改變。

再來要把顏色加上層次。先按滑鼠左鍵選好直條後，按一下右鍵，這時會再出現剛才也有看過的兩個畫面選單。再一次點選「圖案填滿」右邊的▼，會出現可以選擇、調整顏色的畫面。把滑鼠游標移動到下面選單畫面的「漸層（G）」，就會在左邊出現漸層的種類。只要把滑鼠游標移動到想要的漸層上按下左鍵，圖表就會變成這種漸層樣式。顏色和漸層選擇淡色系會比較好看，也比較優雅。

最後要把圖表複製到投影片前記得先調整長寬比率。這只要用滑鼠游標選取整張圖表再作調整即可，相信大家都很熟悉。圖表在貼到投影片上時要符合文字「訊息」的長寬比，所以要先依據投影片上的文字「訊息」，考慮長寬比如何調整才比較適當。這麼一來應該就已經完成一張去除多餘資訊、簡單好看又有震撼力的圖表。

這些圖表的加工作業量雖然不少，不過只要習慣以後每項作業都只要簡單花個30秒左右就可以完成。

終章　來，接下來換你改變世界了！

這是一本關於孫正義製作簡報的書。或許各位讀者現在手上會有這本書的原因，可能是想要快點學到孫正義進行簡報時的技巧。不論是誰當然都想馬上學會派得上用場的商業技巧，更何況這些技巧已經是獲得成功人士所使用的技術。在這本書裡蒐集了多項關於孫正義實際應用的簡報竅門，只要看了這本書，不論是誰都可以馬上實際應用。

不過，你會把這本書拿到手上的動機應該不僅如此，很有可能是因為「想讓自己的生意更加成長」、「新企劃案想讓客戶通過」、「想和孫正義一樣成立創新企業」等等，各式各樣不同的想法在。然而說不定在這些想法的背後其實共同的目的是「我們的社會不能再用以往的制度繼續下去，不做出新制度不行」。

我相信有許多擁有這種想法的人存在，或許這也就是孫正義的簡報會受人矚目的理由。現在為了聽孫正義簡報的人常將會場擠得水洩不通，甚至吸引數萬人透過網路轉播收看影片。**這同時反映出現今日本社會在政府、行政、經濟等各方面都已經走入了死胡同，所以才會有如此高漲的期待，**希望孫正義的簡報能夠成為改變社會的契機。不過另一方面，孫正義也絕不認為自己的簡報都是正確的。他只不過是站在經營者的立場挑戰未來的不確定性，在有限的資訊內進行一般認為較合理的判斷。

不過就在孫正義的想法透過他的簡報和大家分享後，總是會在社會上引起某種層面上的討論，的確成為了引發日本社會創新的一個契機。

例如現在關於自然能源的討論也是一樣。以孫正義發表成立「自然能源財團」為開端，在一部分地方自治體上的討論已經實際進行到要選定候補用地。另外也有軟體銀行以外的大企業陸續表明將會加入，還有像深耕地方的創新企業和 NPO 等等也開始積極展開活動，慢慢成為一股潮流。

孫正義並非只是為了軟體銀行的利益在做，他把施力點放在做出這股潮流。孫正義自己本身也明白說過「如果有人批判軟體銀行進行自然能源的相關活動只是為了賺錢，那請你自己的公司也一定要加入」。不管是軟體銀行或是其他公司，加入這項活動的條件都是一樣的，之所以會這樣為許多人帶來影響，就是孫正義簡報厲害的地方。在產生各種批判的同時，也有不少企業或自治團體認為「自己也跟著孫正義前往的方向會比較好」而開始行動。

筆者認為為了打破日本社會的封閉，有必要再多出現幾位像孫正義一樣勇於宣示願景、不怕產生嫌隙的簡報達人。會這樣說是因為日本社會太過尊崇「和」的結果，就算遇到危機也不會轉換方向的傾向。每一個人雖然內心都認為「太奇怪了，這樣下去不行，如果能改成這樣就好了」，不過終究還是難以說出口。如果真的把這些話在社會上或者在其他地方上說出來，又會被批判「就只有他在講自私的話」、「要成熟一點」、「要面對現實」等等。說不定到最後還會被罵「叛徒」、「不愛國」。

在日本因為這種缺乏領導能力而停止發展的例子不勝枚舉。舉個例子來說，現在日本的電子書市場就是這樣。在美國，電子書市場正急速擴張，據說網路書店龍頭Amazon.com在耶誕商機時，電子書的銷售額比紙本書還要多。另外美國還有一項出版社協會的調查，據說二〇一一年二月電子書已經占所有書籍銷售的20%。反觀現在的日本，電子書占所有書籍銷售的百分比大概是個位數而已，可是幾年前日本的電子書在以漫畫為中心的這個部分還是走在前頭的。

為什麼電子書在日本沒辦法普及，這是因為出版社、書本中盤（批發）商、書店，再加上NTT docomo等通訊業者、Sony或夏普等電子書閱讀器製造商，這些相關企業都有他們自己的盤算，不斷進行各種合縱連橫所致。在日本，企業並不是單純的從公司可以在一種商業型態內得到多少利益為出發點，而是在保有公司的面子之下「不可以輸給對手公司」，或者是考量從以前到現在的合作關係而有所顧忌，使得利害關係的調整變得沒那麼簡單。

因此就產生了各種電子書閱讀器、多家通訊業者、多種電子書格式和多個販售電子書的網站不斷出現，這種情形只會讓消費者更加不敢接觸電子書而已。對消費者來說，他不但難以判斷哪種組合對自己最好，就算最後決定要用哪種組合，卻又很有可能遇到「有一好沒二好」的狀況，在使用上不能完全得到滿足，消費者也無法預測哪種閱讀器將來會存活之下，這種購物行為可說充滿風險。

這就是電子書無法在日本普及的原因。然後因為消費者人數遲遲不增加，造成各相關企業失去積極推廣電子書的動力，陷入一種「紙本書的銷售額比電子書的銷售額還要好上許多，所以在這部分不需要太過認真投入」的判斷。在這些相關企業中，又有幾家公司是抱持著打死不退的決心，以電子書為自己公司的事業根幹？

相對在美國，亞馬遜創辦人傑夫・貝佐斯或蘋果創辦人史帝夫・賈伯斯等人在強大的願景下，除了自己的公司積極承擔風險，同時也找來各種相關企業、金融機關、甚至是股票市場，一起來漸漸做出電子書的市場。為此，它必定會先成為一股潮流。

像這種狀況不只限於電子書市場。為了跨過既有機制、建立新的架構，需要擁有能夠和多數人分享想法，一起做出一股大潮流的領導能力。像這樣從一開始的小潮流變成大潮流以後，在某個時代裡被認為「理所當然的事」，而在未來的某一天會被認為是「過去的事」，接著新制度又會變成「理所當然」的制度。這就是創新。

要在社會上廣泛實現創新的精神，最強力的一個方法就是透過簡報。蘋果經常持續推出嶄新服務，這和蘋果前CEO（執行長）史帝夫・賈伯斯是一位簡報達人有非常強烈的關係。而同樣身為簡報達人的孫正義，在這最近十年來經常處於日本變化激烈的漩渦中心，並且讓軟體銀行成長為年營業額三兆日圓的企業，實是並非偶然。

說不定會有人認為自己沒辦法做到像這樣可以改變社會的簡報，但其實每一個人應該都可以在自己所處的環境裡積極推動，一點一點的改善環境，接著再重覆去推動下一個步驟，讓自己所處的環境越來越得到改善，最終還是可以做到改變社會的力量。

筆者和創新企業的創辦人以及該業員工等許多人一起工作到現在。創新企業特別是在剛開始經營的時候，年輕的創業人員還沒有經驗和成績，也沒有「人、物、金錢、資訊」這些經營資源。在這些創業人員裡面也有不少是很認真，但卻缺少人際魅力的人在，在這當中也有很多人正苦惱著要怎麼製作簡報，要怎麼進行簡報。

不過像這些創業人員只要教導他們孫正義風格的簡報技巧後，他們就能製作出令人刮目相看、充滿願景又有震撼力的簡報。原來在這些創業人員的心中就擁有強大的熱情和願景，在製作簡報的過程中，又將從中激發起更多新的策略和想法。創業人員隨著製作簡報會以經營者的身分繼續成長，公司也會朝著更好的方向前進，進而開始慢慢的改變社會。

上述這些事情絕對不是只在創新企業的創業人員身上發生，每個人都擁有同樣的機會，重要的是能夠秉持著「哪怕只有一點點，也要讓社會變得更好」的意志存在。

只要有這份意志，無論是誰都有可能變成簡報達人。這本書就是為了擁有這份意志的人所寫。在此誠摯希望這本書能讓各位讀者透過簡報，帶來改變自己和改變社會的契機。

二〇一一年十一月

三木雄信

参考書籍

「松下幸之助的成功金言365」（松下幸之助　PHP研究所）

博碩尋寶
Now Start！
作者・譯者
有滿腹才華無處發揮嗎？
想提昇自我的成就感嗎？
你是面對電腦就可以鬥志高昂的狂人嗎？
無論你是個人或學校老師，
博碩文化都期待你的加入！
歡迎你把寶貴的經驗分享給讀者，
請將基本資料及寫作計劃，
來信寄到 author@drmaster.com.tw，我們會有專人與您連絡。
SEARCH

讀者回函

讀 者 回 函

GIVE US SOME SUGGESTION

感謝您購買本公司出版的書，您的意見對我們非常重要！由於您寶貴的建議，我們才得以不斷地推陳出新，繼續出版更實用、精緻的圖書。因此，請填妥下列資料（也可直接貼上名片），寄回公司（免貼郵票），您將不定期收到最新的圖書資料！

姓　　名：________________

職　　業：□上班族　□教師　□學生　□工程師　□其它

學　　歷：□研究所　□大學　□專科　□高中職　□其它

年　　齡：□ 10～20　□ 20～30　□ 30～40　□ 40～50　□ 50～

單　　位：________________ 部門科系：________________

職　　稱：________________ 聯絡電話：________________

電子郵件：________________

通訊地址：□□□ ________________

____

您從何處購買此書：

□書局________ □電腦店________ □展覽________ □其他________

您覺得本書的品質：

內容方面：□很好　□好　□尚可　□差

排版方面：□很好　□好　□尚可　□差

印刷方面：□很好　□好　□尚可　□差

紙張方面：□很好　□好　□尚可　□差

您最喜歡本書的地方：________________

您最不喜歡本書的地方：________________

假如請您對本書評分，您會給（0～100 分）：________ 分

您最希望我們出版哪些電腦書籍：

如果有專屬的讀書會、研討會、教學課程，您是否有興趣了解？

□無　□有

請將您對本書的意見告訴我們：

您有寫作的點子嗎？□無　□有　專長領域：________________

歡迎您加入博碩文化的行列喔！

請沿虛線剪下寄回本公司

博碩文化網站　http://www.drmaster.com.tw

博碩文化粉絲團　http://www.facebook.com/DrMasterTW

GIVE US SOME SUGGESTION

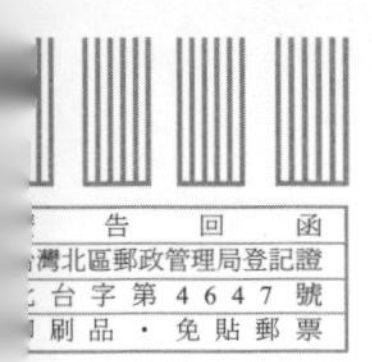

221

博碩文化股份有限公司　讀者服務部

新北市汐止區新台五路一段112號10樓A棟

請沿此虛線剪下

沿此虛線摺疊！

孫正義の簡報術－23種振奮人心的奇蹟簡報術

博碩書號：IN21209

親愛的讀者：

感謝你購買這本《孫正義の簡報術－23種振奮人心的奇蹟簡報術》。

我們熱切期待有您的參與，對於職場進修、數位生活、IT資訊內容的需求，

都可以透過背面的讀者回函告知我們。

更多豐富的好書內容，請上博碩文化網站：www.drmaster.com.tw/

更多優惠活動訊息，請上博碩文化粉絲團：www.facebook.com/DrMasterTW

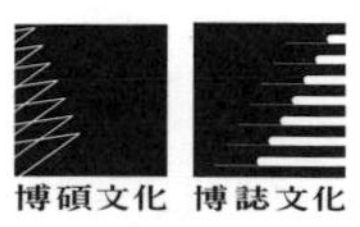
博碩文化 博誌文化
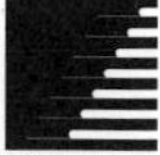

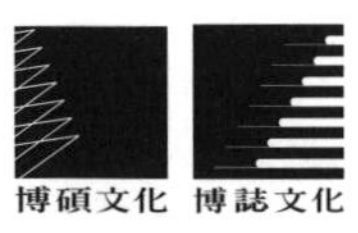
博碩文化 博誌文化